福建省**中职学考**核心课程

电工基础

主　编：黄幼珍　　洪志军　　卢新得
副主编：吴佩聪　　郑艳秋　　林晓丽
　　　　黄　阳

扫码获取数字资源

厦门大学出版社　国家一级出版社
XIAMEN UNIVERSITY PRESS　全国百佳图书出版单位

图书在版编目（CIP）数据

电工基础 / 黄幼珍，洪志军，卢新得主编. -- 厦门 ：厦门大学出版社，2025. 7. --（福建省中职学考核心课程系列教材）. -- ISBN 978-7-5615-9757-6

Ⅰ. TM

中国国家版本馆 CIP 数据核字第 2025X5E677 号

策划编辑	姚五民	
责任编辑	姚五民	
美术编辑	李夏凌	
技术编辑	许克华	

出版发行　厦门大学出版社

社　　　址　厦门市软件园二期望海路 39 号

邮政编码　361008

总　　　机　0592-2181111　0592-2181406(传真)

营销中心　0592-2184458　0592-2181365

网　　　址　http://www.xmupress.com

邮　　　箱　xmup@xmupress.com

印　　　刷　厦门金凯龙包装科技有限公司

开本　787 mm×1 092 mm　1/16

印张　14

字数　332 千字

版次　2025 年 7 月第 1 版

印次　2025 年 7 月第 1 次印刷

定价　52.00 元

本书如有印装质量问题请直接寄承印厂调换

厦门大学出版社
微信二维码

厦门大学出版社
微博二维码

出版说明

　　教育是强国建设和民族复兴的根本，承担着国家未来发展的重要使命。基于此，自党的十八大以来，构建职普融通、产教融合的职业教育体系，已成为全面落实党的教育方针的关键举措。这一战略目标的实现，要求加快塑造素质优良、总量充裕、结构优化、分布合理的现代化人力资源，以解决人力资源供需不匹配这一结构性就业矛盾。与此同时，面对新一轮科技革命和产业变革的浪潮，必须科学研判人力资源发展趋势，统筹抓好教育、培训和就业，动态调整高等教育专业和资源结构布局，进一步推动职业教育发展，并健全终身职业技能培训制度。

　　根据中共中央办公厅、国务院办公厅《关于深化现代职业教育体系建设改革的意见》和福建省政府《关于印发福建省深化高等学校考试招生综合改革实施方案的通知》要求，福建省高职院校分类考试招生采取"文化素质＋职业技能"的评价方式，即以中等职业学校学业水平考试（以下简称"中职学考"）成绩和职业技能赋分的成绩作为学生毕业和升学的主要依据。

　　为进一步完善考试评价办法，提高人才选拔质量，完善职教高考制度，健全"文化素质＋职业技能"考试招生办法，向各类学生接受高等职业教育提供多样化入学方式，福建省教育考试院对高职院校分类考试招生（面向中职学校毕业生）实施办法作出调整：招考类别由原来的30类调整为12类；中职学考由全省统一组织考试，采取书面闭卷笔试方式，取消合格性和等级性考试；引进职业技能赋分方式，取消全省统一的职业技能测试。

　　福建省中职学考是根据国家中等职业教育教学标准，由省级教育行政部门组织实施的考试。考试成绩是中职学生毕业和升学的重要依据。根据福建省教育考试院发布的最新的中职学考考试说明，结合福建省中职学校教学现状，厦门大学出版社精心策划了"福建省中职学考核心课程系列教材"。该系列教材旨在帮助学生提升对基础知识的理解，提升运用知识分析问题、解决问题的能力，并在学习中提高自身的职业素养。

　　本系列教材由中等职业学校一线教师根据最新的《福建省中等职业学校学业水平考试说明》编写。内容设置紧扣考纲要求，贴近教学实际，符合考试复习规律。理论部分针对各知识点进行梳理和细化，使各知识点表述更加简洁、精练；模拟试卷严格按照考纲规定的内容比例、难易程度、分值比例编写，帮助考生更有针对性地备考。本系列教材适合作为中职、技工学校学生的中职学考复习指导用书。

目　　录

第一节 电路的组成

 **思维导图**

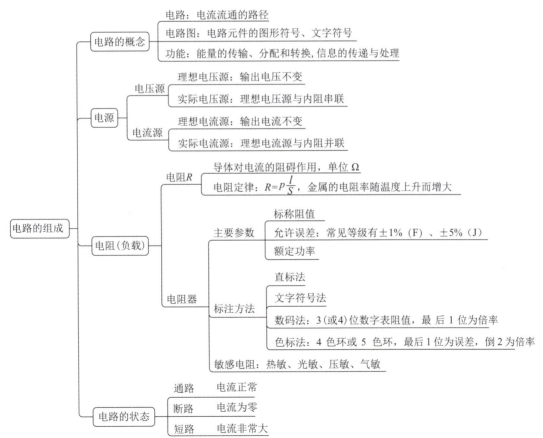

 **学习任务**

1. 了解电路的组成和功能,理解电路模型的概念,掌握常用电路元件的图形和文字符号,会识读简单电路图;

2. 掌握电路的通路、开路和短路3种基本状态;

3. 了解电阻器的作用和分类,了解电阻器的功能及主要参数,掌握电阻的识别(色标法和数码法);

4. 了解热敏电阻、光敏电阻、压敏电阻、气敏电阻等常用敏感电阻器的特性及应用;

5. 掌握电阻和电阻率的概念,掌握金属导体电阻的计算,了解导体电阻、电阻率与温度的关系;

6. 理解理想电压源、理想电流源的定义、特性及其应用。

 知识梳理

电路是电流流通的路径,是由电源、负载、导线、控制及保护装置等组成的闭合回路。

电路的功能有两类:一是能量的传输、分配和转换,二是信息的传递与处理。

组成电路的实际元件通常比较复杂,为便于研究,在一定条件下将实际电气器件加以理想化,转换成只考虑其主要性能的理想元件。由理想元件连接而成的电路称为电路模型,简称电路。

一般用电路图来表达电路中各组成部分的连接关系。电路图中各元件须采用国家统一规定的符号来表示。部分常用电气图形符号如表 1-1-1 所示。

表 1-1-1　部分常用电气图形符号

图形符号	文字符号	名称	图形符号	文字符号	名称
——	DC	直流电	∿	AC	交流电
⊗	HL	灯	∕	S 或 SA	开关
╟	G	干电池	▭	R	电阻
ᴖᴖᴖ	L	电感、线圈	╫	C	电容
⏚	PE	接地	⊥		接机壳、参考点

一、电源

电源是把其他形式能量转换为电能的装置,为电路提供电能。

1. 电压源

在任何情况下都能提供确定电压的电源,称为理想电压源,简称电压源。理想电压源的电压为定值,与通过它的电流无关。理想电压源的电路符号如图 1-1-1(a)所示。

实际生活中理想电压源是不存在的,电源在提供电能的同时,自身也会有能量消耗。因此,实际电压源由理想电压源和电阻两部分组成。实际电压源模型如图 1-1-1(b)所示。

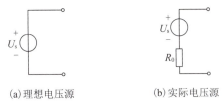

(a)理想电压源　　　　　　(b)实际电压源

图 1-1-1　电压源

2. 电流源

在任何情况下都能提供确定电流的电源,称为理想电流源,简称电流源。理想电流源的输出电流为定值,与它两端的电压无关。理想电流源的电路符号如图 1-1-2(a)所示。

考虑自身能量消耗后,实际电流源由理想电流源和电阻两部分组成。实际电流源模型如图 1-1-2(b)所示。

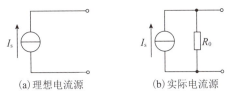

(a)理想电流源　　　　　　(b)实际电流源

图 1-1-2　电流源

二、电阻

导体对电流的阻碍作用,称为电阻。

导体的电阻用 R 表示,单位为欧姆(Ω),常用单位还有千欧($k\Omega$)、兆欧($M\Omega$)。

$$1\ \Omega = 10^{-3}\ k\Omega = 10^{-6}\ M\Omega$$

当某个物理量数值过大或过小时,可以在国际单位前加上相应的词头,构成倍数或分数单位。电学物理量常见单位词头如表 1-1-2 所示。

表 1-1-2　电学物理量常见单位词头

词头名称	表示因数	词头名称	表示因数	词头名称	表示因数
兆(M)	10^{6}	毫(m)	10^{-3}	纳(n)	10^{-9}
千(k)	10^{3}	微(μ)	10^{-6}	皮(p)	10^{-12}

(一)电阻定律

导体的电阻值与导体材料、导体长度、导体横截面积有关,即

$$R = \rho \frac{l}{S}$$

式中:ρ——导体材料电阻率,单位 $\Omega \cdot m$(欧·米);

　　　l——导体长度,单位 m(米);

　　　S——导体横截面积,单位 m^{2}(平方米)。

导体电阻率越大,电阻越大,导电性能越差。电阻率与材料的性质和温度有关。若导体

电阻率随温度升高而增大,称为正温度系数导体;反之,则称为负温度系数导体。金属均为正温度系数导体。根据电阻率的大小分类,材料可分为导体、绝缘体和半导体。

① 导体——电阻率小于 10^{-6} $\Omega \cdot m$ 的材料,如金属。

② 绝缘体——电阻率大于 10^7 $\Omega \cdot m$ 的材料,如石英、塑料等。

③ 半导体——电阻率介于导体和绝缘体之间的材料,如锗、硅等。

有些金属在极低温的状态下,电阻突然变为零,这种现象称为超导现象。处于超导状态的物体称为超导体。

(二)电阻器

电路中具有一定电阻值的元件,称为电阻器,也简称电阻。

1. 电阻器的主要参数

① 标称阻值:电阻器的标准电阻值。

② 允许误差:电阻真实值与标称阻值之间的差称为允许误差。允许误差有多个等级,电阻常见允许误差及对应符号如表 1-1-3 所示。

表 1-1-3 常见电阻器阻值允许误差符号

符号	B	D	F	J/I	K/Ⅱ	M/Ⅲ
允许误差	±0.1%	±0.5%	±1%	±5%	±10%	±20%

③ 额定功率:电阻器长期工作时允许消耗的最大功率。

2. 电阻器参数标注方法

(1)直标法

直标法是在电阻器的表面直接印制标称阻值等主要参数信息的标注方法。直标法一般适用于体积较大的电阻器。

图 1-1-3 为部分直标法电阻。图 1-1-3(a)所示为线绕电阻,其标称阻值为 510 Ω,允许误差为±5%,额定功率为 50 W;图 1-1-3(b)所示为铝壳电阻,其标称阻值为 20 Ω,允许误差为±5%,额定功率为 100 W。

（a）　　　　　　　　　　　　　　　（b）

图 1-1-3 直标法电阻

(2)文字符号法

文字符号法是用数字和文字符号的组合来表示电阻器的标称阻值的标注方法。文字符号既表示小数点,同时又表示阻值单位。文字符号主要有 R、k、M,分别代表 Ω、kΩ、MΩ 单位。例如:10k 表示 10 kΩ;270R 表示 270 Ω;5R1 表示 5.1 Ω;4k7 表示 4.7 kΩ;R50 表示 0.5 Ω。

图 1-1-4(a)为线绕电阻,标称阻值 120 Ω,允许误差为±5%,额定功率为 8 W;图 1-1-4(b)为水泥电阻,标称阻值 4.7 Ω,允许误差为±5%,额定功率为 10 W;图 1-1-4(c)为可变电阻,标称阻值 470 kΩ,额定功率为 2 W;图 1-1-4(d)为厚膜电阻,标称阻值 20 Ω,允许误差为±

1%，额定功率为 100 W。

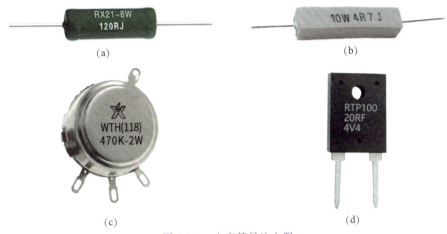

图 1-1-4 文字符号法电阻

（3）数码法

数码法是用 3 位（或 4 位）数字来表示电阻器的标称阻值的标注方法，单位 Ω，常用于体积较小的电阻，如可调电阻、贴片电阻等。前 2 位（或 3 位）数字为有效数值，最后 1 位数字为倍率，有效数值中的小数点用字母 R 代表。允许误差一般不做标注。

可调电阻的数码法标记数字一般为 3 位数，允许误差一般不标注。

贴片电阻的数码法标记数字有 3 位和 4 位两种，允许误差一般不标注。3 位数的贴片电阻允许误差为 ±5%，4 位数的贴片电阻允许误差为 ±1%。

图 1-1-5(a)为可调电阻，标称阻值为 $50 \times 10^1 = 500$ Ω；图 1-1-5(b)为贴片电阻，标称阻值为 $10 \times 10^3 = 10000$ Ω $= 10$ kΩ，允许误差为 ±5%；图 1-1-5(c)为贴片电阻，标称阻值为 $0.10 \times 10^0 = 0.1$ Ω，允许误差为 ±1%；图 1-1-5(d)为贴片电阻，标称阻值为 $150 \times 10^2 = 15000$ Ω $= 15$ kΩ，允许误差为 ±1%。

图 1-1-5 数码法电阻

（4）色标法

色标法是用不同颜色的色带或色点标记在电阻器表面以表示电阻器的标称阻值和允许误差的标注方法。色标法颜色醒目、标志清晰，适用于小体积电阻器。色标法分为四色环标注法和五色环标注法（高精度）两种，各色环表示的含义如表 1-1-4 所示。标注时误差环在最右端，离其他色环较远，且常为金、银、棕 3 色，读数时将误差环放右边，从左至右读起。

表 1-1-4　色标法中色环的含义

色环颜色	色卡	有效数值	倍率	允许误差
黑		0	10^0	
棕		1	10^1	$\pm1\%$
红		2	10^2	$\pm2\%$
橙		3	10^3	
黄		4	10^4	
绿		5	10^5	$\pm0.5\%$
蓝		6	10^6	$\pm0.25\%$
紫		7	10^7	$\pm0.1\%$
灰		8	10^8	
白		9	10^9	
金			10^{-1}	$\pm5\%$
银			10^{-2}	$\pm10\%$

色环记忆口诀:棕 1 红 2 橙是 3,4 黄 5 绿 6 为蓝,7 紫 8 灰 9 对白,黑是 0,金 5 银 10 表误差。

四色环电阻第 1、2 环表示数值,第 3 环表示倍率,第 4 环表示误差。图 1-1-6 所示四色环电阻标称阻值为 22 Ω,允许误差为 $\pm5\%$。

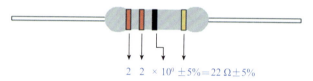

2　2　$\times 10^0$　$\pm5\%$＝22 Ω$\pm5\%$

图 1-1-6　四色环电阻

五色环电阻第 1、2、3 环表示数值,第 4 环表示倍率,第 5 环表示误差。图 1-1-7 所示五色环电阻标称阻值为 47 Ω,允许误差为 $\pm1\%$。

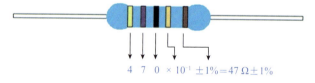

4　7　0　$\times 10^{-1}$　$\pm1\%$＝47 Ω$\pm1\%$

图 1-1-7　五色环电阻

部分色环电阻实物图与读数结果如图 1-1-8 所示。

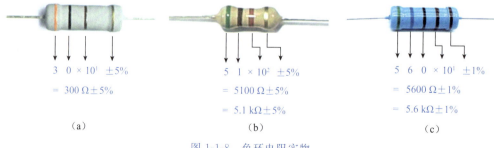

3　0　$\times 10^1$　$\pm5\%$
＝300 Ω$\pm5\%$

（a）

5　1　$\times 10^2$　$\pm5\%$
＝5100 Ω$\pm5\%$
＝5.1 kΩ$\pm5\%$

（b）

5　6　0　$\times 10^1$　$\pm1\%$
＝5600 Ω$\pm1\%$
＝5.6 kΩ$\pm1\%$

（c）

图 1-1-8　色环电阻实物

3. 敏感电阻器

（1）热敏电阻

对温度极为敏感的电阻器称为热敏电阻，有正温度系数热敏电阻和负温度系数热敏电阻两种。

（2）光敏电阻

阻值随光线强弱而变化的电阻器称为光敏电阻，有可见光光敏电阻、红外光光敏电阻、紫外光光敏电阻等。

（3）压敏电阻

当加在电阻两端的电压达到某一值时，其阻值会急剧变小的电阻称为压敏电阻。它的主要作用是在电路承受过压时将电压钳位到一个相对固定的值。

（4）气敏电阻

气敏电阻是一种电阻值随环境气体种类或浓度变化而改变的敏感元件，属于半导体传感器的一种。它通过检测气体分子与材料表面的相互作用，将气体信息转换为电信号（电阻变化），广泛应用于环境监测、工业安全、智能家居等领域。

三、电路的状态

1. 通路

电源与负载相连通，电路中有电流通过，电路处于正常工作状态。

2. 开路

电路断开，电路中没有电流通过，也称为断路。

3. 短路

电源两端被导线直接相连，电路电流极大。短路是严重的故障状态，应尽量避免。

 强化训练

一、单项选择题

1. 电路模型是由（　　）构成的电路图。

A. 实际电路元件　　　　　　　　　　　　B. 常用电路符号

C. 理想电路元件　　　　　　　　　　　　D. 实际电工器件

2. 在下列设备中，一定是电源的是（　　）。

A. 发电机　　　　　　　　　　　　　　　B. 冰箱

C. 蓄电池　　　　　　　　　　　　　　　D. 电灯

3.（2023年学考真题）表示直流电的文字符号是（　　）。

A. AC　　　　　　　B. DC　　　　　　　C. CA　　　　　　　D. CD

4. 在下面电路图中，E 表示（　　）。

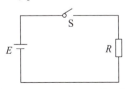

A. 电源　　　　　　　B. 电阻　　　　　　　C. 电容　　　　　　　D. 开关

5. 以下是实际电压源的是( )。

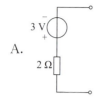
A.

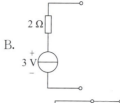
B.

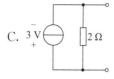
C.

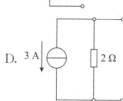
D.

6. 以下是实际电流源的是( )。

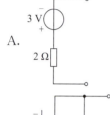
A.

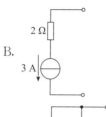
B.

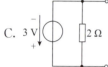
C.

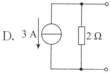
D.

7. 在下面电路图中,当开关S处于1位时,该电路处于( )状态。

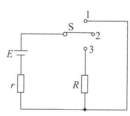

A. 通路   B. 短路

C. 断路   D. 闭路

8. 电路如第7题所示,当开关S处于2位时,该电路处于( )状态。

A. 通路   B. 短路   C. 断路   D. 闭路

9. 电路如第7题所示,当开关S处于3位时,该电路处于( )状态。

A. 通路   B. 短路

C. 断路   D. 开路

10. 小明回家后打开房间灯的开关时发现灯没有亮,但是家里的冰箱还在工作,说明此时该灯的电路处于( )状态。

A. 通路   B. 短路   C. 断路   D. 闭路

11. $1\ M\Omega = ($)Ω。

A. 10^3 B. 10^6 C. 10^{-3} D. 10^{-6}

12. 33 kΩ=(　　)MΩ。

A. 0.33　　　　　　　B. 0.033　　　　　　　C. 3.3　　　　　　　D. 3300

13. 下列与导线电阻无关的量是(　　)。

A. 导线截面积　　　　　　　　　　　　B. 加在导线两端的电压

C. 导线的电阻率　　　　　　　　　　　D. 导线所处环境温度

14. 一段电阻值为 4 Ω 的导线,把它对折起来作为一根导线用,则对折后的电阻值为(　　)。

A. 1 Ω　　　　　　　　B. 2 Ω　　　　　　　C. 6 Ω　　　　　　　D. 16 Ω

15. 两根同样材料的电阻丝,长度之比为 1：2,截面积之比为 4：1,则它们的电阻之比为(　　)。

A. 1：10　　　　　　　B. 1：8　　　　　　　C. 1：4　　　　　　　D. 1：2

16. 有一段导线的电阻是 8 Ω,将它均匀拉长一倍,则导线的电阻变为(　　)。

A. 8 Ω　　　　　　　　B. 16 Ω　　　　　　　C. 4 Ω　　　　　　　D. 32 Ω

17. 在下列情况下,导体的电阻值降低的是(　　)。

A. 缩短长度和增大截面积　　　　　　　B. 缩短长度和减小截面积

C. 增长长度和减小截面积　　　　　　　D. 增长长度和截面积不变

18. 有一只四色环电阻,4 道色环的颜色分别是"红黑黄金",则该电阻的标称阻值是(　　)。

A. 204 Ω　　　　　　　B. 2 kΩ　　　　　　　C. 20 kΩ　　　　　　D. 200 kΩ

19. 有一只四色环电阻,4 道色环的颜色分别是"红黑黄金",则该电阻的误差是(　　)。

A. ±1%　　　　　　　　B. ±2%　　　　　　　C. ±5%　　　　　　　D. ±10%

20. 有一只五色环电阻,5 道色环颜色分别是"绿红黑棕棕",则该电阻的标称阻值是(　　)。

A. 520 Ω　　　　　　　B. 5.2 kΩ　　　　　　C. 52 kΩ　　　　　　D. 5200 kΩ

21. 有一只电阻上标有"200",则该电阻的标称阻值是(　　)。

A. 200 Ω　　　　　　　B. 200 kΩ　　　　　　C. 20 Ω　　　　　　D. 20 kΩ

22. 有一只电阻标有"5200",则该电阻的标称阻值是(　　)。

A. 520 Ω　　　　　　　B. 5200 Ω　　　　　　C. 52 kΩ　　　　　　D. 520 kΩ

23. 电阻在电路中的作用是(　　)。

A. 分压和放大　　　　B. 限流和分压　　　　C. 限流和截流　　　　D. 放大和限流

24. 一般金属导体具有正温度系数,当环境温度升高时,电阻值将(　　)。

A. 增大　　　　　　　　B. 减小　　　　　　　C. 不变　　　　　　　D. 为 0

25. 用于在电路承受过压时进行电压钳位的敏感电阻主要是(　　)。

A. 热敏电阻　　　　　　B. 光敏电阻　　　　　C. 压敏电阻　　　　　D. 磁敏电阻

26. 在路灯和其他照明系统中用来控制灯的自动亮灭的敏感电阻主要是(　　)。

A. 热敏电阻　　　　　　B. 光敏电阻　　　　　C. 压敏电阻　　　　　D. 磁敏电阻

27. 广泛用于温度测量、温度控制等场合的敏感电阻主要是(　　)。

A. 热敏电阻　　　　　　B. 光敏电阻　　　　　C. 压敏电阻　　　　　D. 磁敏电阻

二、判断题

1. 电路模型是由实际元件连接而成的。　　　　　　　　　　　　　　　　　　(　　)

2. 理想元件是将实际元件理想化,只考虑其最主要的性能。 （　　）

3. 一段导体电阻的大小,跟材料、长度和横截面积有关。 （　　）

4. 当导体材料和截面积一定时,导体的电阻与长度成正比。 （　　）

5. 一根纯铜导体,随着温度的升高,它的电阻值将增大。 （　　）

6. 大多数金属在温度上升到某一数值时,都会出现电阻突然降为零的现象,称为超导现象。 （　　）

7. (2019年学考真题)有些金属在温度降到某一数值时,都会出现电阻突然降为零的现象,称为超导现象。 （　　）

8. 电阻器的标称阻值是指电阻器的真实电阻值。 （　　）

9. 超导体可分为低温超导体和高温超导体两类。 （　　）

10. 在电子电路中常将压敏电阻接在电源的输入端,用作过压保护。 （　　）

11. 某一电阻上面印有"4k7 J",表示其阻值为 4.7 kΩ。 （　　）

12. 某一电阻上面印有"4k7 J",表示其阻值误差为 ±10%。 （　　）

13. (2023年学考真题)电路通常有通路、开路、短路三种状态。 （　　）

14. (2023年学考真题)压敏电阻器承受的压力变化时,电阻值发生相应变化。 （　　）

15. (2021年学考真题)湿敏电阻可作为电热水器中的温度检测元件。 （　　）

三、填空题

1. 电源是将其他形式能转换成_____能的装置。

2. 电路的三种状态是指通路、_____和_____。

3. 电流流通的路径称为_____。

4. (2019年学考真题)电路基本由_____、负载、导线、控制和保护装置组成。

5. 导体对电流的_____作用,称为电阻。

6. (2019年学考真题)电阻单位的换算:1 kΩ＝_____Ω。

7. 物质根据导电能力的强弱,一般分为导体、_____和_____。

8. 在温度不变时,均匀导体的电阻,与其长度成_____,与其横截面积成_____。

9. 电阻率的大小反映了物质的导电能力;电阻率小,说明物质导电能力_____(强、弱);电阻率大,说明物质导电能力_____(强、弱)。

10. 一般来说,金属导体温度越高,电阻_____,温度越低,电阻_____。

11. 当温度降低到一定程度时,某些材料的电阻会消失,称之为_____现象。

12. 一根实验用的铜导线,横截面积为 1.5 mm²,长度为 0.5 m。温度为 20 ℃时,它的电阻为_____Ω(铜的电阻率 $\rho=1.7\times10^{-8}$ Ω·m)。

13. 某一电阻上面印有"510R J",表示其阻值为_____,允许误差为_____。

14. 一个可调电阻上面印有"201",表示其阻值最大为_____。

15. 一个四色环电阻,色环颜色分别是"蓝橙棕银",表示其阻值为_____,允许误差为_____。

16. 某同学拿到一个五色环电阻,色环颜色如下图所示,读电阻时应从_____侧读起,其阻值为_____kΩ,允许误差为_____。

———| 蓝 橙 黑 棕 棕 |———

第二节　电流与电压

 **思维导图**

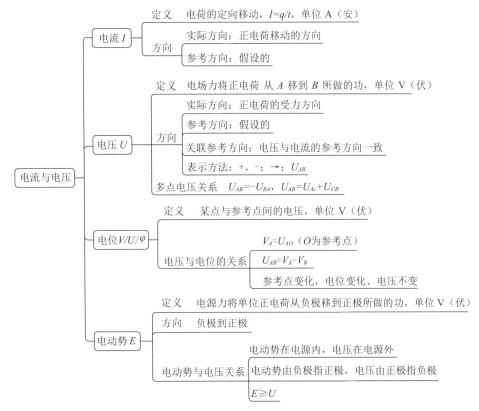

 **学习任务**

1. 理解电流的定义,掌握电流的计算公式和电流方向;

2. 了解电压、电位的概念,掌握电压与电位的关系,掌握电压与电位的计算;

3. 掌握电压实际方向与参考方向三种表示方法的关系,并能正确判断电压的实际方向;

4. 理解电压和电流的关联参考方向、非关联参考方向;

5. 理解电动势的概念、电动势的大小和方向;掌握电动势与电源电压的关系;理解一般电路电压下降的规律。

 **知识梳理**

一、电流

1. 电流的形成

电荷有规则地定向移动形成电流。在金属导体中,电流是自由电子在电场力的作用下做定向移动形成的。在电解液中,电流是正、负离子在电场力的作用下做定向移动形成的。

2. 电流的大小

电流的大小等于通过导体横截面的电荷量 q 与所用时间 t 的比值,用 I 表示,即

$$I = \frac{q}{t}$$

式中:I——电流,单位 A(安);

q——通过导体横截面的电荷量,单位 C(库仑);

t——通过电荷量 q 所用的时间,单位 s(秒)。

在国际单位制中,电流的单位是安培(A),常用单位还有毫安(mA)、微安(μA)。

$$1 \text{ A} = 10^3 \text{ mA} = 10^6 \text{ μA}$$

例 1.2.1 已知某导体横截面 0.25 min 内流过的电荷量是 30 C,求导体中通过的电流是多少?

解:
$$0.25 \text{ min} = 15 \text{ s}$$
$$I = \frac{q}{t} = \frac{30}{15} = 2(\text{A})$$

3. 电流的方向

通常规定正电荷移动的方向为电流的方向。在金属导体中,电流的方向与电子(带负电)定向移动的方向相反。

在电路分析和计算中,有时无法确认电流的实际方向。为了计算方便,常先假设一个电流方向,称为电流参考方向。实际方向与参考方向可能相同,如图 1-2-1(a)所示,此时 $I > 0$;也可能相反,如图 1-2-1(b)所示,此时 $I < 0$。

图 1-2-1 电流的方向

电路图中标注的电流方向通常均指参考方向,参考方向一旦选定,计算过程中不得任意改变。当 I 的计算值为正时,说明电流的实际方向与假定的参考方向相同;当 I 值为负时,电流的实际方向与参考方向相反。

4. 电流的分类

电流既有大小又有方向,如果电流的大小和方向都不随时间变化,这样的电流称为直流电流或稳恒电流(DC),用字母 I 表示,如图 1-2-2(a)所示。如果电流的大小随时间变化,而方向不随时间变化,这样的电流称为脉动直流电流,如图 1-2-2(b)所示。如果

电流的大小和方向都随时间变化,这样的电流称为交流电流(AC),用字母 i 表示,如图 1-2-2(c)所示。

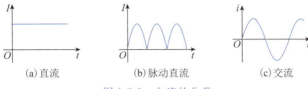

（a）直流　　　　　　（b）脉动直流　　　　　　（c）交流

图 1-2-2　电流的分类

二、电压

1. 电压的定义

电场力将单位正电荷从 A 点移动到 B 点所做的功,称为 A、B 两点间的电压,记作 U_{AB},单位为伏特(V)。显然

$$U_{AB} = \frac{W_{AB}}{q}$$

2. 电压的方向

规定电压的方向为正电荷在电场中的受力方向。

与电流相类似,当电压的实际方向无法确定时,通常先假设电压的参考方向。电压的参考方向有 3 种表示方法,如图 1-2-3 所示。

① 用"＋""－"表示,表示电压的参考方向由"＋"指向"－",如图 1-2-3(a)所示。

② 用箭头表示,如图 1-2-3(b)所示。

③ 用双下标表示,如 U_{AB} 表示电压的参考方向是由 A 指向 B,U_{BA} 表示电压的参考方向是由 B 指向 A,$U_{AB} = -U_{BA}$,如图 1-2-3(c)所示。

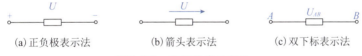

（a）正负极表示法　　　　（b）箭头表示法　　　　（c）双下标表示法

图 1-2-3　电压的表示方法

与电流一样,电压值的正负也是相对于参考方向而言。电压值为正,说明电压的实际方向与参考方向相同;电压值为负,说明电压的实际方向与参考方向相反。

3. 电压和电流的关联参考方向

① 关联参考方向:电压与电流取相同的参考方向,如图 1-2-4(a)所示。

② 非关联参考方向:电压与电流取不同的参考方向,如图 1-2-4(b)所示。

在电路分析与计算时,电压与电流一般选用关联参考方向。

（a）关联参考方向　　　　　（b）非关联参考方向

图 1-2-4　关联与非关联参考方向

三、电位

1. 电位的定义

描述电路中某点电位的高低,首先要确定一个基准点,这个基准点称为参考点,规定参考点的电位为零。参考点可以任意选定,通常选择大地、公共点或者设备外壳作为参考点。

电路中某点与参考点之间的电压称为该点的电位,用字母 V、φ 或 U 表示,单位为伏特(V),如 V_A、φ_A、U_A 等。

图 1-2-5 所示部分电路中标有 A、B、C、D 四个点。

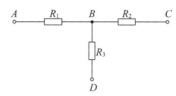

图 1-2-5　部分电路示意

① 当选取 A 点为参考点时,则 $V_A = 0$ V,其他各点的电位就是从各点到 A 点之间的电压,可以表示为

$$V_B = U_{BA}, V_C = U_{CA}, V_D = U_{DA}$$

② 当选取 B 点为参考点时,则 $V_B = 0$ V,其他各点的电位就是从各点到 B 点之间的电压,可以表示为

$$V_A = U_{AB}, V_C = U_{CB}, V_D = U_{DB}$$

例 1.2.2　在图 1-2-6 所示电路中,当以 A、B、C 为参考点时,分别求出各点的电位。

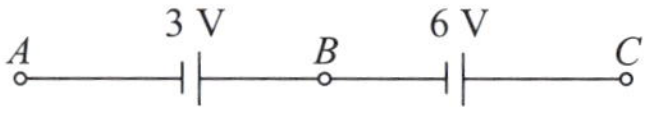

图 1-2-6　例 1.2.2 图

解:(1) 当以 A 为参考点时,则 $V_A = 0$ V,$V_B = U_{BA} = 3$ V,$V_C = U_{CA} = 9$ V。

(2) 当以 B 为参考点时,则 $V_B = 0$ V,$V_A = U_{AB} = -3$ V,$V_C = U_{CB} = 6$ V。

(3) 当以 C 为参考点时,则 $V_C = 0$ V,$V_A = U_{AC} = -9$ V,$V_B = U_{BC} = -6$ V。

2. 电压与电位的关系

由电位的定义可知,电压就是两点之间的电位差。A、B 两点间的电压等于 A、B 两点之间的电位差,即

$$U_{AB} = V_A - V_B$$

若已知 A 点的电位 $V_A = 10$ V,B 点的电位 $V_B = -5$ V,则 A、B 两点间的电压

$$U_{AB} = V_A - V_B = 10 - (-5) = 15(\text{V})$$
$$U_{BA} = V_B - V_A = -5 - 10 = -15(\text{V})$$

可见

$$U_{AB} = -U_{BA}$$

若电路中有 A、B、C 三点,以 C 为参考点,则

$$U_{AB} = V_A - V_B, U_{BC} = V_B$$
$$U_{AC} = V_A = U_{AB} + V_B = U_{AB} + U_{BC}$$

同理,有
$$U_{AB} = U_{AX} + U_{XB}$$

需要注意的是,电位是相对量,随参考点的改变而改变,大小与参考点选择有关。而电压是绝对量,不随参考点的改变而改变,它的大小与参考点的选择无关。

例 1.2.3 在图 1-2-7 所示电路中,分别以点 A、B 为参考点,计算各点的电位和电压 U_{CB}。

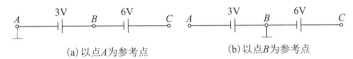

(a) 以点 A 为参考点　　　　(b) 以点 B 为参考点

图 1-2-7　例 1.2.3 图

解: (1) 以点 A 为参考点,则 $V_A = 0$ V,$V_B = 3$ V,$V_C = 6$ V+3 V=9 V,$U_{CB} = V_C - V_B =$ 9 V−3 V=6 V。

(2) 以点 B 为参考点,则 $V_B = 0$ V,$V_A = -3$ V,$V_C = 6$ V,$U_{CB} = V_C - V_B = 6$ V−0 V=6 V。

由例 1.2.3 可知,无论参考点设为点 A 还是点 B,A、B 两点间的电压(电位差)是不变的。

四、电动势

1. 电源力

在电源外部,电场力把正电荷从电源的正极(高电位)通过负载移动到电源的负极(低电位),与负极板上的负电荷中和,这样,正、负电荷数会逐渐减少。为了使电源正、负极板上聚集的电荷数保持不变,就需要有一种力(非电场力)在电源内部把正电荷从电源的负极移动到电源的正极,这种力称为电源力。也就是说,电源内部的电源力不断地把正电荷从电源负极移动到正极,把其他形式的能转换成电能,使电源两端的正、负电荷数保持不变,即电压不变。

2. 电动势的定义

在电源内部,电源力将单位正电荷由负极移动到正极所做的功称为电动势,用符号 E 表示,单位为伏特(V)。电动势是衡量电源做功能力大小的物理量,只存在于电源的内部。

3. 电动势的大小

电动势 E 等于电源力在电源内部把正电荷从电源负极移动到电源正极所做的功 W 与被移动电荷的电荷量 q 的比值,即

$$E = \frac{W}{q}$$

4. 电动势的方向

电动势仅存在于电源内部,方向由电源的负极指向正极,如图 1-2-8 所示。

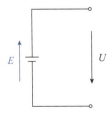

图 1-2-8　电动势的方向

5. 电动势与电源电压的区别

（1）含义不同

电动势是衡量电源内部非电场力做功能力大小的物理量,而电源电压是衡量电源外部电路中电场力做功能力大小的物理量。

（2）方向不同

电动势的方向是由电源内部的负极指向正极,即电位升高的方向,也称电压升;而电压的方向始终是从高电位指向低电位,即电位降低的方向,也称电压降。

（3）存在位置不同

电动势只存在于电源内部,而电源电压则是指电源输出两端的电压。

（4）数值关系

将电源输出加在外电路两端的电压称为端电压,端电压在数值上并不一定等于电源电动势,只有当电源为理想电压源,或实际电源开路时,二者才相等。而当实际电源工作,即电路有电流通过时,由于电源内部的内阻上会有一定的电压降,此时 $U < E$。

 强化训练

一、单项选择题

1. 电荷的基本单位是（　　）。

A. 安秒 　　　　　　　　B. 安培 　　　　　　　　C. 库仑 　　　　　　　　D. 千克

2. 下列关于电流的说法,正确的是（　　）。

A. 通电时间越短,电流越大

B. 通电时间越长,电流越大

C. 单位时间内通过的电量越小,电流越大

D. 单位时间内通过的电量越大,电流越大

3. 关于电流强度的概念,下列说法正确的是（　　）。

A. 通过导体横截面的电量越多,电流强度越大

B. 电子运动的速率越大,电流强度越大

C. 单位时间内通过导体横截面的电量越多,导体中电流强度越大

D. 因为电流有方向,所以电流强度是矢量

4. 某电阻的电流为 3 A,经过 5 min,通过该电阻的一个截面的电荷量是（　　）。

A. 1200 C 　　　　　　　　　　　　　　　B. 900 C

C. 600 C 　　　　　　　　　　　　　　　　D. 300 C

5. 如下图所示,关于电流 I,以下说法错误的是（　　）。

A. 电流实际方向为由 A 流向 B 　　　　　B. 电流实际方向与参考方向相反

C. 电流实际方向为由 B 流向 A 　　　　　D. 电流实际大小为 2 A

6. 电压的单位是（　　）。

A. 安培 　　　　　　　　　　　　　　　　B. 伏特

C. 瓦特 　　　　　　　　　　　　　　　　D. 焦耳

7. 电路中任意两点的电位差称为( )。

A. 电压　　　　　　B. 电流　　　　　　C. 电位　　　　　　D. 电势

8. 电压 U_{ab} 的含义为( )。

A. 电场力将正电荷从 a 点移到 b 点时所做的功

B. 电场力将负电荷从 a 点移到 b 点时所做的功

C. 电场力将单位正电荷从 a 点移到 b 点时所做的功

D. 电场力将单位正电荷从 b 点移到 a 点时所做的功

9. 电路中两点之间的电压越高,说明( )。

A. 两点的电位都高

B. 两点的电位都大于零

C. 两点电位差大

D. 两点电位中至少有一个大于零

10. 将正电荷从 a 点移至 b 点时,电场力做正功,则电压 U_{ab}( )。

A. 一定为正值　　　　B. 一定为负值　　　　C. 可能为正值,也可能为负值

11. 关于 U_{ab} 与 U_{ba},下列叙述正确的是( )。

A. 两者大小相同,方向一致　　　　　　B. 两者大小不同,方向一致

C. 两者大小相同,方向相反　　　　　　D. 两者大小不同,方向相反

12. 如下图所示,已知 $U_a > U_b$,则以下说法正确的是( )。

A. 实际电压为由 a 指向 b, $I > 0$　　　　　　B. 实际电压为由 b 指向 a, $I < 0$

C. 实际电压为由 b 指向 a, $I > 0$　　　　　　D. 实际电压为由 a 指向 b, $I < 0$

13. 当参考点改变时,下列电量也相应发生变化的是( )。

A. 电压　　　　　　　　　　　　　　B. 电位

C. 电动势　　　　　　　　　　　　　D. 电功

14. 在同一电路中,当选择的参考点不同时,对任一点的电位和两点间的电压( )。

A. 都无影响　　　　　　　　　　　　B. 都有影响

C. 只对电位有影响　　　　　　　　　D. 只对电压有影响

15. 若 $U_{AB} = 5\ V$,则 A 点的电位( ) B 点的电位。

A. 高于　　　　　　　　　　　　　　B. 低于

C. 等于　　　　　　　　　　　　　　D. 无法确定

16. 已知 $U_{AB} = 40\ V$, B 点电位 $V_B = -10\ V$,则 A 点电位 V_A 为( )。

A. 30 V　　　　　　B. 50 V　　　　　　C. −30 V　　　　　　D. −50 V

17. 已知 $U_{AB} = 40\ V$,且 A 点电位 $V_A = 10\ V$,则 B 点电位 V_B 为( )。

A. 30 V　　　　　　　　　　　　　　B. 50 V

C. −30 V　　　　　　　　　　　　　D. −50 V

18. (2019 年学考真题)电路中 a 点电位 6 V, b 点电位 −4 V,则 U_{ab} 等于( )。

A. −10 V　　　　　　B. −2 V　　　　　　C. 2 V　　　　　　D. 10 V

19. 已知某一电路中 $U_{ab} = -12\ V$,说明 a 点电位比 b 点( )。

A. 高　　　　　　B. 低　　　　　　C. 一样　　　　　　D. 不一定

20. 在下图所示电路中，A 点的电位是（　　）。

$$A \circ\!\!-\!\!|\vdash\!\!-\!\!\circ B \overset{5\,V}{} \qquad \overset{\underset{\longleftarrow}{1\,A}}{\underset{10\,\Omega}{\boxed{}}} \!\!-\!\!\circ C$$

A. 10 V　　　　　　　B. -10 V　　　　　　　C. 5 V　　　　　　　D. -5 V

21. 在第 20 题所示电路中，C 点的电位是（　　）。
A. 10 V　　　　　　　B. -10 V　　　　　　　C. 5 V　　　　　　　D. -5 V

22. 电路中有 A、B、C 三点，已知电压 $U_{AB}=20$ V，$U_{AC}=10$ V，则电压 U_{BC} 等于（　　）。
A. 10 V　　　　　　　B. 30 V　　　　　　　C. -10 V　　　　　　　D. -30 V

23. 电路中有 A、B、C 三点，已知电压 $U_{AB}=8$ V，$U_{BC}=7$ V，则电压 U_{AC} 为（　　）。
A. 1 V　　　　　　　B. 15 V　　　　　　　C. -1 V　　　　　　　D. -15 V

24. 以下关于电动势的说法，正确的是（　　）。
A. 存在于电源内部，方向从正极指向负极
B. 存在于电源内部，方向从负极指向正极
C. 存在于电源外部，方向从正极指向负极
D. 存在于电源外部，方向从负极指向正极

二、判断题

1. 电荷有规则地定向移动形成电流。　　　　　　　　　　　　　　　　　　　　（　　）

2. 电路中只要有电源就一定有电流。　　　　　　　　　　　　　　　　　　　　（　　）

3. 电流的方向是指正电荷移动的方向。　　　　　　　　　　　　　　　　　　　（　　）

4. 在金属导体中，电流的方向与自由电子的运动方向相同。　　　　　　　　　（　　）

5. 电流的参考方向，可能是电流的实际方向，也可能与实际方向相反。　　　（　　）

6. （2019 年学考真题）电路图中标明的电流方向通常是指参考方向，当电流的参考方向和实际方向一致时，其值为正。　　　　　　　　　　　　　　　　　　　　　　　　　（　　）

7. 将负电荷从 a 点移到 b 点时，电场力做正功，则 U_{ab} 为正值。　　　　　（　　）

8. （2023 年学考真题）电压的参考方向是不可以任意假设的。　　　　　　　　（　　）

9. 两点间的电压就是两点间的电位差。　　　　　　　　　　　　　　　　　　　（　　）

10. 电路中两点之间的电压越高，则说明这两点的电位差越大。　　　　　　　（　　）

11. 电路中电压的高低是绝对的，与参考点选择无关；而电位的高低则是相对的，与参考点选择有关。　　　　　　　　　　　　　　　　　　　　　　　　　　　　　　　　（　　）

12. （2021 年学考真题）电压的参考方向必须和实际方向相同。　　　　　　　（　　）

13. 若 $U_{ab}<0$，则说明实际电压方向为由 b 指向 a。　　　　　　　　　　（　　）

14. （2021 年学考真题）已知某电路中 a、b 两点电位相等，则 $U_{ab}=0$ V。　（　　）

15. 在直流电路中，若测得 $U_{AB}<0$，则说明实际电压方向为由 B 指向 A。（　　）

16. 已知某一电路中 $U_{ab}=-2$ V，说明 a 点电位比 b 点高。　　　　　（　　）

17. 若电路中 A、B 两点电位相等，则用导线将这两点连接起来并不影响电路的工作。
　　　　　　　　　　　　　　　　　　　　　　　　　　　　　　　　　　　　（　　）

18. 电动势的大小与外电路无关，它由电源本身性质决定，而电源端电压会随外电路的改变而改变。　　　　　　　　　　　　　　　　　　　　　　　　　　　　　　　　（　　）

19. 已知电路中 a、b 两点，$U_{ab}=10$ V，$\varphi_a=-10$ V，则 $\varphi_b=10$ V。　（　　）

20. 电压、电位和电动势的单位都是伏特 V,所以它们的性质是相同的,没什么区别。

（　　）

三、填空题

1. 电流的单位安培用_____符号表示,电压的单位伏特用_____符号表示,电阻的单位欧姆用_____符号表示。

2. 1 A＝_____mA,10 mV＝_____V,20 kV＝_____V。

3. 通过某导线的电流是 0.5 A,经过 10 秒钟通过该导线横截面的电量是_____C。

4. 若 3 min 内通过导体横截面的电荷量是 1.8 C,则导体中的电流是_____A。

5. 电流的实际方向为_____电荷移动的方向;电压的实际方向为_____电荷在电场中的受力方向。

6. 电路中两点的电压是确定的,与所选路径_____。

7. (2019 年学考真题)两点之间的电位之差就是两点间的_____。

8. 通常将电压与电流的参考方向假设为一致,这种方式称为_____参考方向。

9. 某电阻上电压参考方向如下图所示,若测得 $U＝-5$ V,则 $U_{AB}＝$_____,$U_{BA}＝$_____。

$$A \; \overset{+}{\circ} \!\!-\!\! \boxed{} \overset{U}{} \!\!-\!\! \overset{-}{}\circ \; B$$

10. 在下图所示电路中,若以 A 点作为参考点,X 点的电位为 5 V;若以 B 点为参考点,X 点的电位为 10 V,则 $U_{AB}＝$_____。

$$A \; \circ \!\!-\!\! \boxed{} \!\!-\!\! X \!\!-\!\! \boxed{} \!\!-\!\! \circ \; B$$

11. 电路中有 a、b 两点,若 $V_a＝2$ V,$V_b＝4$ V,则 $U_{ab}＝$_____V,$U_{ba}＝$_____V。

12. 电源电动势用字母_____表示,它只存在于电源_____部。（内、外）

13. 电动势是衡量电源做功的能力,它的方向规定为由电源_____极指向电源_____极。

14. 电源两端的电压叫作_____,它一般比电源电动势_____。（大、小）

15. 电池上面标有 9 V 的字样,说明该电池的_____为 9 V。

第三节　欧姆定律

 **思维导图**

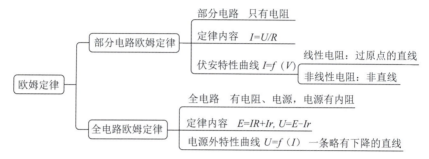

 **学习任务**

1. 熟练掌握部分电路欧姆定律的公式和应用；

2. 掌握全电路欧姆定律的公式及其应用；

3. 理解线性电阻的伏安特性曲线，了解电源的外特性曲线。

知识梳理

一、部分电路欧姆定律

1. 部分电路

只含负载而不包含电源部分的一段电路称为部分电路。

2. 部分电路欧姆定律

在电阻电路中,导体中的电流与它两端的电压成正比,与它的电阻成反比,即

$$I = \frac{U}{R}$$

注意:

① $R=U/I$ 并不表示电阻的阻值会随电阻两端的电压或通过电阻的电流的变化而变化。只说明电阻的阻值可通过测量电阻两端的电压和电阻的电流大小来进行计算。

② 当电压与电流选取关联参考方向时,$U=IR$;当电压与电流选取非关联参考方向时,$U=-IR$。

例 1.3.1　一个电热器的电阻为 440 Ω,接在电压为 220 V 的电源上,正常工作时通过该电热器的电流为多大?

解：根据欧姆定律，通过电热器的电流

$$I = \frac{U}{R} = \frac{220}{440} = 0.5(\text{A})$$

例 1.3.2　已知某个小灯泡两端的电压为 3 V，测得通过它的电流为 0.3 A，求：

（1）小灯泡灯丝的电阻。

（2）若小灯泡两端的电压变为 4 V，则灯丝的电阻又为多大？

（3）此时通过小灯泡的电流又为多少？

解：（1）小灯泡灯丝的电阻 $R = \dfrac{U}{I} = \dfrac{3}{0.3} = 10(\Omega)$。

（2）小灯泡两端的电压变为 4 V，灯丝的电阻不变，$R = 10\ \Omega$。

（3）小灯泡两端的电压变为 4 V 时，通过小灯泡的电流 $I = \dfrac{U}{R} = \dfrac{4}{10} = 0.4(\text{A})$。

3. 电阻的伏安特性曲线

电阻两端的电压 U 和通过电阻的电流 I 之间的变化关系曲线，称作电阻的伏安特性曲线。

伏安特性曲线为直线的电阻元件称为线性电阻，如图 1-3-1(a)所示。显然，线性电阻的阻值是一个常数，不随电压、电流变化而变化，符合欧姆定律。伏安特性曲线不是直线的电阻元件称为非线性电阻，图 1-3-1(b)所示是某非线性电阻的伏安特性曲线，显然，其电阻值不是一个常数，随着电压、电流的变化而变化，不符合欧姆定律。

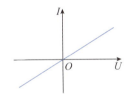 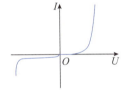

(a)线性电阻的伏安特性曲线　　　　(b)非线性电阻的伏安特性曲线

图 1-3-1　电阻的伏安特性曲线

二、全电路欧姆定律

1. 全电路

由电源内部电路和外部电路组成的闭合电路称为全电路，如图 1-3-2 所示。图中，E 为电动势，r 为电源的内部电阻，简称内阻，R 为负载电阻。

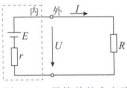

图1-3-2　最简单的全电路

2. 全电路欧姆定律

通过全电路的电流 I 与电源的电动势 E 成正比，与电路中的总电阻 $r+R$ 成反比，即

$$I = \frac{E}{r+R}$$

可得

$$E=IR+Ir=U_外+U_内=U+U_0$$

式中,外电路电压 $U_外$,即电源端电压 U, $U=IR$;内电路电压 $U_内$,即电源内阻上的电压 U_0, $U_0=Ir$。

例 1.3.3 已知电源电动势 E 为 6 V,内阻 r 为 0.5 Ω,外接负载电阻 $R=5.5$ Ω,求:

(1) 电路中的电流;

(2) 电源的端电压;

(3) 负载两端的电压;

(4) 内阻上的电压降。

解:(1) 电路中的电流 $I=\dfrac{E}{r+R}=\dfrac{6}{0.5+5.5}=1(A)$。

(2) 电源端电压 $U=E-Ir=6-1\times0.5=5.5(V)$。

(3) 负载两端的电压 $U=IR=1\times5.5=5.5(V)$。

(4) 内阻上的电压降 $U_0=Ir=1\times0.5=0.5(V)$。

3. 电源的外特性曲线

由全电路欧姆定律可知,电源端电压

$$U=E-Ir$$

当电源电动势 E 和内阻 r 一定时,端电压 U 随负载电流 I 变化的规律称为电源的外特性,绘成的曲线称为电源的外特性曲线,如图 1-3-3 所示。

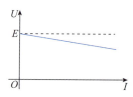

图 1-3-3　电源外特性曲线

从电源的外特性曲线可以看出:

① 当电路开路时,外电阻 $R\to\infty$,此时电路中的电流 $I=0$,电源端电压 $U=E$;

② 当电路闭合时,电源端电压 U 随电流 I 的增大(即负载电阻 R 减小,或负载增大)而减小;

③ 当电路短路时,外电阻 $R=0$, $U=0$。由于电源内阻 r 很小,所以 $I=E/r$ 非常大,该短路电流极可能会烧毁电源。为避免出现此类事故,在电力线路中要安装短路保护装置。

例 1.3.4 电路如图 1-3-4 所示, $R_1=8$ Ω, $R_2=13$ Ω,当开关 S 合到 1 位时,电流表读数 $I_1=0.9$ A;当开关 S 合到 2 位时,电流表读数 $I_2=0.6$ A。试求电源的电动势 E 及其内阻 r。

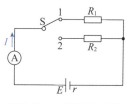

图 1-3-4　例 1.3.4 图

解:根据闭合电路的欧姆定律,列出联立方程组:

$$\begin{cases} E = I_1 R_1 + I_1 r \\ E = I_2 R_2 + I_2 r \end{cases}$$

代入已知条件,得

$$\begin{cases} E = 0.9 \times 8 + 0.9r \\ E = 0.6 \times 13 + 0.6r \end{cases}$$

解得 $\begin{cases} E = 9 \text{ V} \\ r = 2 \text{ } \Omega \end{cases}$

 强化训练

一、单项选择题

1. 在一段纯电阻电路中,保持阻值不变,当电压增大时,电流将（　　）。

A. 增大　　　　　　B. 减小　　　　　　C. 保持不变　　　　D. 不一定

2. 加在电阻两端的电压减小,通过电阻的电流会（　　）。

A. 变大　　　　　　B. 变小　　　　　　C. 不变　　　　　　D. 不确定

3. 某电阻上的电压 $U = 20$ V,$I = 4$ A,则此电阻为（　　）。

A. 4 Ω　　　　　B. 5 Ω　　　　　C. 20 Ω　　　　D. 80 Ω

4 一只电阻两端加 15 V 电压时,电流为 3 A;如果加 30 V 电压,则电流为（　　）。

A. 1 A　　　　　　B. 3.6 A　　　　　　C. 6 A　　　　　　D. 15 A

5. 某电阻上的电压 $U = 20$ V,电流 I 与电压 U 的参考方向不一致,$I = -4$ A,则此电阻为（　　）。

A. -5 Ω　　　　　B. 5 Ω　　　　　C. -0.2 Ω　　　　D. 0.2 Ω

6. 某导体两端电压为 20 V,通过的电流为 4 A。当两端电压降为 10 V 时,则导体的电阻为（　　）。

A. 5 Ω　　　　　B. 10 Ω　　　　　C. 25 Ω　　　　D. 0

7. 某线性电阻,U、I 参考方向不一致,则其伏安特性曲线为（　　）。

A. 经过原点在第一、三象限的直线

B. 经过原点在第一、三象限的非直线

C. 经过原点在第二、四象限的直线

D. 经过原点在第二、四象限的非直线

8. 在下图所示电路中,两个电阻的伏安特性曲线如下图所示,以下正确的是（　　）。

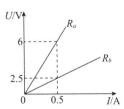

A. $R_a = 6$ Ω,$R_b = 2.5$ Ω　　　　　　B. $R_a = 12$ Ω,$R_b = 2.5$ Ω

C. $R_a = 12$ Ω,$R_b = 5$ Ω　　　　　　D. $R_a = 6$ Ω,$R_b = 5$ Ω

9. 在下图所示电路中,正确的表达式是(　　　)。

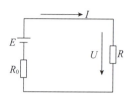

A. $E=U+IR_0$ B. $E=U-IR_0$

C. $E=-U+IR_0$ D. $E=-U-IR_0$

10. 已知电路中电源电动势为 20 V,电路中的电流为 5 A,则电路开路时,电路中的端电压、电流分别是(　　　)。

A. 20 V,5 A   B. 20 V,0 A

C. 0 V,5 A   D. 0 V,0 A

11. 电源电动势是 2 V,内电阻是 0.1 Ω,当外电路断路时,电路中的电流和端电压分别是(　　　)。

A. 0 A,0 V   B. 0 A,2 V

C. 20 A,0 V   D. 20 A,2 V

12. 电源电动势是 2 V,内电阻是 0.1 Ω,当外电路短路时,电路中的电流和端电压分别是(　　　)。

A. 0 A,0 V   B. 0 A,2 V

C. 20 A,0 V   D. 20 A,2 V

13. 一个电源为 10 V、内阻为 1 Ω、电阻为 9 Ω 的电路,在通路状态下电源两端的电压是(　　　)。

A. 0 V   B. 1 V   C. 9 V   D. 10 V

14. 测量某电路的伏安特性曲线如下图所示,关于电源电动势 E 和内阻 R_0,以下正确的是(　　　)。

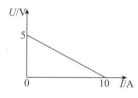

A. $E=5$ V　$R_0=0.5$ Ω   B. $E=10$ V　$R_0=0.5$ Ω

C. $E=5$ V　$R_0=1$ Ω   D. $E=10$ V　$R_0=1$ Ω

15. 有一未知电源,测得其端电压 $U=18$ V,内阻 $R_0=1$ Ω,输出的电流 $I=2$ A,则该电源的电动势为(　　　)。

A. 18 V   B. 9 V   C. 220 V   D. 20 V

二、判断题

1. 流过电阻的电流增加,该电阻两端的电压也增大。　　　　　　　　　　　　(　　　)

2. 直流电路中,无论电阻上的电压、电流参考方向是否一致,关系式 $U=RI$ 恒成立。

(　　　)

3. 部分电路欧姆定律反映了在一段含源电路中电流与这段电路两端的电压及电阻的

关系。 （ ）

4.（2019年学考真题）流过负载电流的大小不仅与负载阻值有关,还与供电电压有关。

（ ）

5. 电路处于通路状态时,该电路端电压一定等于电源电动势。 （ ）

6. 在通路状态下,负载电阻值增大,电路中的电流也增大。 （ ）

7. 当电源的内阻为零时,电源电动势的大小就等于电源端电压。 （ ）

8. 在电源有一定内阻的情况下,负载电阻增大,端电压一定也增大。 （ ）

9. 全电路欧姆定律是用来说明在一个闭合电路中,电流与电源的电动势成正比,与电路中电源的内阻和外阻之和成反比。 （ ）

10. 当电路开路时,电路中的电流为零,端电压也为零。 （ ）

11. 当电路短路时,电源电动势等于端电压。 （ ）

12. 当电路正常工作时,电源电动势等于端电压。 （ ）

三、填空题

1. 某电阻的阻值为 R,通过它的电流为 I,其两端电压为 U,若 U、I 参考方向一致,则 R 与 U、I 的关系为 $R=$＿＿＿＿＿＿；若 U、I 参考方向不一致,则 R 与 U、I 的关系为 $R=$＿＿＿＿＿＿。

2. 部分电路欧姆定律反映了电流、＿＿＿＿＿＿、电阻三者之间的关系。

3. 由欧姆定律可知,导体中的电流与导体两端的＿＿＿＿＿＿成正比,与导体的＿＿＿＿＿＿成反比。

4. 闭合电路中的电流与电源电动势成＿＿＿＿＿＿比,与电路总电阻成＿＿＿＿＿＿比。

5. 一阻值为 1 kΩ 的电阻,外加电压 $U=10$ V,若 U、I 参考方向一致,则 $I=$＿＿＿＿＿＿；若 U、I 参考方向相反,则 $I=$＿＿＿＿＿＿。

6. 已知电炉丝的电阻是 44 Ω,通过的电流是 5 A,则电炉所加的电压是＿＿＿＿＿＿ V。

7. 两个电阻的伏安特性如下图所示,则 R_a ＿＿＿＿＿＿ （>、=、<） R_b,$R_a=$＿＿＿＿＿＿ Ω, $R_b=$＿＿＿＿＿＿ Ω。

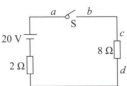

8. 电源电动势 $E=4.5$ V,内阻 $R=0.5$ Ω,负载电阻 $R=4$ Ω,则电路中的电流 $I=$＿＿＿＿＿＿ A,端电压 $U=$＿＿＿＿＿＿ V。

9. 在下图所示电路中,开关 S 闭合时 $U_{ab}=$＿＿＿＿＿＿,$U_{cd}=$＿＿＿＿＿＿；开关 S 打开时 $U_{ab}=$＿＿＿＿＿＿,$U_{cd}=$＿＿＿＿＿＿。

四、计算题

1. 一个定值电阻的伏安特性曲线如右下图所示,若在电阻的两端加 12 V 的电压,则通过该电阻的电流是多少?

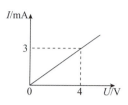

2. 已知电源内阻 $r=1\ \Omega$,外电路的端电压为 19 V,电路中的电流为 1 A,试求外电路电阻 R 及电源的电动势 E。

3. 在右下图所示电路中,已知 $E=10$ V,$r=5\ \Omega$,$R=195\ \Omega$,求开关分别在 1、2、3 位置时电压表和电流表的读数。

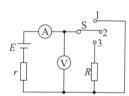

4. 在右下图所示电路中,开关 S 接通后,调节负载电阻 R_L,当电压表读数为 80 V 时,电流表读数为 10 A;当电压表读数为 90 V 时,电流表读数为 5 A。求发电机 G 的电动势 E 和内阻 r。

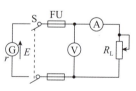

第四节　电路的功率

**思维导图**

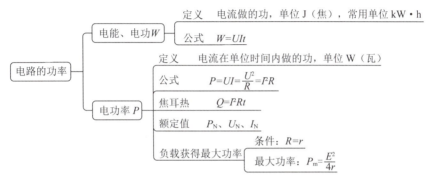

**学习任务**

1. 了解电路中能量的转换,理解电功和电功率的定义;

2. 掌握电源和负载的功率计算;

3. 掌握额定电流、额定电压、额定功率的概念;

4. 理解负载获得最大功率的条件,掌握负载获得最大功率的计算公式。

知识梳理

一、电能

1. 电能的定义

电流能使电灯发光、电动机转动、电炉发热等,这些都是电流做功的表现。电流做功的过程就是将电能转换成其他形式的能的过程。

我们把电流所做的功称为电功。同时,电流做功所消耗的能量,也就是电流做功的能力,称为电能。电流做了多少功,就有多少电能转换为其他形式的能量。所以,电功在数值上等于电能,二者一般都用符号 W 表示。

如果加在导体两端的电压为 U,在时间 t 内通过导体横截面面积的电荷量为 q,则电流所做的功即电功 $W=Uq$。由于 $q=It$,所以

$$W=UIt$$

2. 电能的单位

在国际单位制中,电能的单位为焦耳(J)。

实际应用中,常用 kW·h(千瓦·时,俗称度)来表示电能单位。

1 度(电)＝1 kW·h＝3.6×10⁶ J,即功率为 1000 W 的电源或耗能元件在 1 h 内所发出或消耗的电能为 1 度。

3. 电能的常用公式

在纯电阻电路中,根据欧姆定律,可得到

$$W=UIt=I^2Rt=\frac{U^2}{R}t$$

二、电功率

1. 电功率的定义

单位时间内电流所做的功称为电功率,简称功率,用符号 P 表示,单位为瓦特(W)。

如果在时间 t 内,电流所做的功为 W,那么电功率

$$P=\frac{W}{t}$$

电功率是用来表述电流做功快慢的物理量。

2. 电功率的公式

对于纯电阻电路,根据欧姆定律,可得到

$$P=UI=\frac{U^2}{R}=I^2R$$

例 1.4.1 有一功率为 60 W 的电灯,每天使用它照明的时间为 4 h,如果平均每月按 30 天计算,那么每月消耗的电能为多少度? 合为多少焦耳?

解: 该电灯平均每月工作时间 $t=4\times30=120(\text{h})$,

则 $W=Pt=60\times120=7200=7.2(\text{kW·h})$,

即每月消耗的电能为 7.2 度,合为 $3.6\times10^6\times7.2$ J$\approx2.6\times10^7$ J。

3. 焦耳定律

电流通过导体时使导体发热的现象称为电流的热效应,产生的热量(也叫焦耳热)为

$$Q=I^2Rt$$

在纯电阻电路中,电流通过电阻时所做的功与产生的热量是相等的,即电能全部转换为热能。

4. 电气设备的额定值

为保证电气设备能够长期安全地正常工作,将其各主要参数所允许的最大值称为额定值,常见的有额定电压、额定电流、额定功率等。

额定电压 U_N:电气设备或元器件所允许施加的最大电压。

额定电流 I_N:电气设备或元器件所允许通过的最大电流。

额定功率 P_N:在额定电压和额定电流下所消耗的功率,即允许消耗的最大功率。

电气设备处于额定功率下的工作状态称为额定工作状态,也称为满载;低于额定功率下

的工作状态称为轻载(或欠载);高于额定功率的工作状态称为过载(或超载)。

电气设备的额定值对于如何使用电气设备非常重要,一般都标在其外壳的铭牌上,如图 1-4-1 所示。

图 1-4-1 电气设备的铭牌

例 1.4.2 一个标有"12 V/24 W"的灯泡,如果两端加 9 V 的电压,请问:

(1) 允许通过灯泡的额定电流是多少?

(2) 灯丝的电阻值为多少?

(3) 通过灯泡的实际电流是多少?

(4) 灯泡实际消耗的功率为多少?

解:"12 V/24 W"说明灯泡的额定电压 $U_N=12$ V,额定功率 $P_N=24$ W,

(1) 根据公式 $P=UI$,则灯泡的额定电流 $I_N=\dfrac{P_N}{U_N}=\dfrac{24}{12}=2$(A)。

(2) 根据公式 $P=\dfrac{U^2}{R}$,则灯丝的电阻 $R=\dfrac{U_N^2}{P_N}=\dfrac{12^2}{24}=6$(Ω)。

(3) 通过灯泡的实际电流 $I=\dfrac{U}{R}=\dfrac{9}{6}=1.5$(A)。

(4) 灯泡实际消耗的功率 $P=\dfrac{U^2}{R}=\dfrac{9^2}{6}=13.5$(W)。

注意:负载的电阻不随电压、电流的改变而改变。

例 1.4.3 将"12 V/12 W"的灯泡接入某电路中,测得通过灯丝的电流为 0.9 A,则它的实际功率为多少?

解:"12 V/12 W"说明灯泡的额定电压 $U_N=12$ V,额定功率 $P_N=12$ W,

根据公式 $P=\dfrac{U^2}{R}$,可得灯泡的电阻 $R=\dfrac{U_N^2}{P_N}=\dfrac{12^2}{12}=12$(Ω),

实际功率 $P=I^2R=0.9^2\times12=9.72$(W)。

例 1.4.4 将一个标有"220 V/110 W"的灯泡接到 200 V 的电压上,如果每天使用 10 小时,那么一个月(30 天)会消耗多少度电?

解:由题意知灯泡的额定电压 $U_N=220$ V,而实际工作电压 $U=200$ V,说明灯泡不在额定状态下工作,所以需先求出灯泡的电阻 R,然后求实际消耗功率 P。

根据公式 $P=\dfrac{U^2}{R}$,可得灯泡的电阻 $R=\dfrac{U^2}{P}=\dfrac{220^2}{110}=440$(Ω),

灯泡的实际消耗功率 $P=\dfrac{U^2}{R}=\dfrac{200^2}{440}=90.9\approx0.09$(kW),

总消耗电能 $W=Pt=0.09\times10\times30\approx27$(kW·h)。

5. 负载获得最大功率的条件

由闭合回路欧姆定律可知

$$E = U + U_0 = U + Ir$$

两边同乘以 I，得

$$EI = UI + I^2 r$$

式中：EI——电源产生的功率 P_E；

UI——电源向负载输出的功率（负载获得的功率）P_R；

$I^2 r$——电源内部消耗的功率 P_r。

即

$$P_E = P_R + P_r$$

当电源给定（即 E 和 r 不变）而负载 R 可变时，通过分析计算可得，只有当 $R = r$ 时，负载 R 从电源上获得最大功率，且

$$P_m = \frac{E^2}{4r}$$

也就是说，当外电路电阻等于电源内阻时，负载获得最大功率，即电源输出功率最大，这种情况称为负载与电源匹配。但此时由于负载和内阻消耗的功率相等，因此电源的效率只有 50%。

例 1.4.5 如图 1-4-2 所示电路，电源的电动势 $E = 12$ V，内阻 $r = 0.9$ Ω，负载 $R_1 = 5.1$ Ω，那么当负载 R_2 等于多少时，才能从电源获取最大功率？R_2 获取的最大功率是多少？

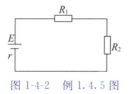

图 1-4-2 例 1.4.5 图

解： 要使 R_2 获得最大功率，可把 R_1 看成电源内阻的一部分，这样电源内阻就为 $r + R_1$，则 R_2 获得最大功率时，

$$R_2 = r + R_1 = 0.9 + 5.1 = 6(\Omega)$$

此时获得的最大功率

$$P_m = \frac{E^2}{4r} = \frac{12 \times 12}{4 \times 6} = 6(\text{W})$$

 **强化训练**

一、单项选择题

1. 以下不是电功常用单位的是（　　）。

A. 度 　　　　　B. 焦耳 　　　　　C. 千瓦 　　　　　D. 千瓦·时

2.（2021 年学考真题）电流在单位时间内所做的功，称为（　　）。

A. 电流 　　　　B. 电压 　　　　　C. 电功 　　　　　D. 电功率

3. 电功率表示(　　　)。

A. 电流流过导体时做功的快慢　　　　　　　B. 一段时间内电路所消耗的电能

C. 电流流过导体时电子受到的阻力　　　　　D. 电流流过导体时电压增加的快慢

4. 电力系统中常以"kW·h"作为(　　　)的计量单位。

A. 电流　　　　　　　B. 电压　　　　　　　C. 电能　　　　　　　D. 电功率

5. 千瓦(kW)是(　　　)的单位。

A. 电流　　　　　　　B. 电压　　　　　　　C. 电功　　　　　　　D. 电功率

6. 一位同学家里的新电表用了两个月后的读数是700。这说明他家已经消耗了(　　　)。

A. 700 J 的电能　　　　　　　　　　　　　　B. 700 kW·h 的功率

C. 700 W 的电功　　　　　　　　　　　　　　D. 700 度的电

7. 在电源电压不变的系统中,加大负载指的是(　　　)。

A. 负载电阻加大　　　　　　　　　　　　　　B. 负载电压增大

C. 负载功率增大　　　　　　　　　　　　　　D. 负载电流减小

8. 在 4 s 内供给 6 Ω 电阻的能量为 2400 J,则该电阻两端的电压为(　　　)V。

A. 40　　　　　　　　B. 60　　　　　　　　C. 24　　　　　　　　D. 100

9. 220 V/40 W 白炽灯正常发光消耗 1 度电所用的时间是(　　　)。

A. 20 h　　　　　　　B. 40 h　　　　　　　C. 45 h　　　　　　　D. 25 h

10. (2019 年学考真题)有一只额定值为 20 W/20 Ω 的电阻器,它的额定工作电压不能超过(　　　)。

A. 10 V　　　　　　　B. 15 V　　　　　　　C. 20 V　　　　　　　D. 40 V

11. 有两个电阻的额定值分别为 R_1 "50 V/30 W"、R_2 "50 V/10 W",它们的阻值关系是(　　　)。

A. $R_1 > R_2$　　　　　B. $R_1 = R_2$　　　　　C. $R_1 < R_2$　　　　　D. 不确定

12. 灯泡 A 为"6 V/12 W",灯泡 B 为"9 V/12 W",灯泡 C 为"12 V/12 W",它们都在各自的额定电压下工作,以下说法正确的是(　　　)。

A. 灯泡 A 最亮　　　　　　　　　　　　　　B. 灯泡 B 最亮

C. 灯泡 C 最亮　　　　　　　　　　　　　　D. 三个灯泡一样亮

13. 一可调电阻,当外加电压一定,电阻增大一倍时,其消耗功率将(　　　)。

A. 增加一倍　　　　　　　　　　　　　　　　B. 减小一半

C. 增为原来 4 倍　　　　　　　　　　　　　　D. 减为原来 1/4

14. 一电阻元件,当其电流减为原来的一半时,其功率为原来的(　　　)。

A. 1/2　　　　　　　　B. 2 倍　　　　　　　C. 1/4　　　　　　　　D. 4 倍

15. 额定电压为 220 V 的灯泡接在 110 V 电源上,灯泡的功率是原来的(　　　)。

A. 2 倍　　　　　　　　B. 4 倍　　　　　　　C. 1/2　　　　　　　　D. 1/4

16. (2021 年学考真题)某电阻元件,当两端电压变为原来的 2 倍时,电阻消耗的功率变为原来的(　　　)。

A. 2 倍　　　　　　　　B. 4 倍　　　　　　　C. 6 倍　　　　　　　　D. 8 倍

17.(2019 年学考真题)一只规格为"220 V/40 W"的灯泡,该灯泡在额定电压下工作 5 小时消耗的总电能为(   )。

A.1 度   B.0.5 度   C.0.4 度   D.0.2 度

18."12 V/30 W"的灯泡接入电路中,测得通过灯泡的电流为 1 A,则它的实际功率是(   )W。

A.4.8   B.10   C.20   D.30

19. 已知电源内阻为 R_0,外电路负载为 R_1,则负载 R_1 获得最大功率的条件是(   )。

A. $R_1 > R_0$ B. $R_1 < R_0$

C. $R_1 = 2R_0$ D. $R_1 = R_0$

二、判断题

1. 功率相同的电器,通电时间越长电功越大。   (   )

2. 功率大的电气设备消耗的电能也越多。   (   )

3. 负载电阻越大,在电路中获得的功率越大。   (   )

4.(2019 年学考真题)电功率是指单位时间内电路产生或消耗的电能。   (   )

5.(2023 年学考真题)高压输电线越长,线路上损耗的电能越多。   (   )

6."度(千瓦·时)"是电功率的单位。   (   )

7. 某二端元件,其 U、I 参考方向一致,$U = 10$ V,$I = 0.5$ A,则此二端元件是发出功率的。   (   )

8.110 V/60 W 的白炽灯在 220 V 的电源上能正常工作。   (   )

9. 加在用电器上的电压改变时,它消耗的功率并不改变。   (   )

10. A 灯比 B 灯亮,说明 A 灯中的电流大于 B 灯。   (   )

11. 电气设备在额定功率下的工作状态称为满载。   (   )

12.220 V/60 W 的白炽灯和 220 V/15 W 的白炽灯串联接到 220 V 电源上,15 W 的白炽灯要比 60 W 的白炽灯亮。   (   )

13.(2023 年学考真题)电阻器工作时实际功率不能超过额定值,否则将会过热而毁。   (   )

14.(2023 年学考真题)电气设备实际消耗的功率有时并不等于额定功率。   (   )

15. 负载与电源匹配时,负载可以获得最大功率。   (   )

三、填空题

1. 电流所做的功称为_____,通常用字母_____表示。

2. 电流在单位时间内所做的功称为_____,通常用字母_____表示。

3. 除焦耳外,电能的另一个常用单位是度,它们的换算关系是 1 度=_____J。

4. 当电压、电流的参考方向关联时,若功率 $P > 0$,则认为该设备是_____功率的;若功率 $P < 0$,则认为该设备是_____功率的。

5. 当负载电阻可变时,负载获得最大功率的条件是_____。

6. 一个 5 kΩ 的电阻,允许通过的电流为 10 mA,则该电阻的额定功率为_____。

7. 某白炽灯上写着"220 V/10 W",其中 220 V 是指_____,10 W 是指_____。

8.(2019 年学考真题)已知电阻的 $U=15$ V,$I=4$ A,则 $P=$＿＿＿＿W。

9. 一手机充电器标有"5 V,2 A",则它的额定功率是＿＿＿＿W。

10. 一个"20 V/10 W"的灯泡,其额定电流为＿＿＿＿A,电阻为＿＿＿＿Ω。

11. 某电阻元件,其 U、I 参考方向一致,电流 $I=1$ A,消耗功率为 10 W,则电阻 $R=$＿＿＿＿,电压 $U=$＿＿＿＿。

12. 某电阻阻值不变,当其上电压增大 1 倍时,其消耗功率为原功率的＿＿＿＿倍。

13. 小明家中电饭煲功率为 1 kW,平均每天用电 2 h,则这个电饭煲 5 月份用了＿＿＿＿度电。

四、计算题

1. 某礼堂有 40 盏电灯,每盏灯的额定功率为 10 W,每天全部灯都点亮 2 h,一个月(30 天)消耗的电能为多少度?

2. 一个 220 V/2 kΩ 的电阻通过的电流为 50 mA 时,请问:

(1) 该电阻消耗的电功率是多少?

(2) 若将该电阻接在 180 V 的电源上,每天通电 5 h,则一个月(按 30 天计)所消耗的电能是多少?

3. 有一个标有"20 Ω/20 W"的电阻器,在正常使用时,请问:

(1) 允许加至它两端的最大电压是多少?

(2) 允许流过它的最大电流是多少?

(3) 最大允许电流流过它 10 h 后,消耗多少度电?

第五节　万用表的使用

 **思维导图**

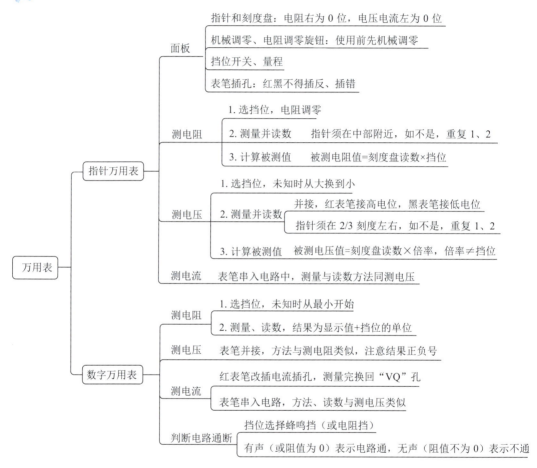

 **学习任务**

1. 认识指针式万用表的面板结构,掌握指针式万用表的使用;
2. 认识数字式万用表的面板结构,掌握数字式万用表的使用。

 **知识梳理**

　　万用表是一种多用途、多量程、使用便捷的测量仪表,可以用来测量交直流电压、交直流电流、电阻等电学量。常用的万用表有指针式和数字式两种。

一、指针式万用表

指针式万用表也称模拟万用表,是利用指针偏转实现数值指示,具有灵敏度高的优点,能够测量非常微弱的电流。

1. 面板结构

以 MF47 型指针式万用表为例,面板分为刻度盘和操作面板两部分,如图 1-5-1 所示。操作面板上主要有机械调零旋钮、电阻调零旋钮、挡位开关、表笔插孔等。

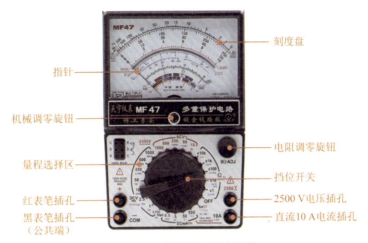

图 1-5-1　指针式万用表面板

（1）刻度盘

指针式万用表的刻度盘有多条刻度线,如图 1-5-2 所示,从上往下依次为:

① 第一条,电阻刻度线,单位 Ω,左端为"∞",右端为"0",刻度不均匀分布;

② 第二条,电压电流共用刻度线,单位分别为 V 和 mA,有 10、50 和 250 三种不同的量程,左端为"0",刻度均匀分布;

③ 第三条,交流 10 V 电压刻度线;

此外还有三极管放大倍数、电容挡和分贝挡等刻度线。

图 1-5-2　指针式万用表的刻度盘

（2）机械调零

在测量前，万用表的指针应指在左侧零刻度位置。如偏离，则需先进行机械调零，可用一字螺丝刀旋转机械调零旋钮，使指针对准零刻度线，这个过程称为机械调零。

（3）电阻调零

为确保测量准确，测量电阻前，先将黑、红表笔短接，此时电阻为零，指针应偏转到右端零刻度位置。若指针偏离该位置，可调节电阻调零旋钮，使指针对准电阻零刻度线，这个过程称为电阻调零，也叫电气调零。

（4）转换开关

转动转换开关可以选择不同的测量量和测量量程，通常开关较细的一端标有箭头或白线，其指向即为当前万用表所选挡位。如图 1-5-1 表示所选挡位为 $R \times 100$。

（5）表笔插孔

一般测量时，红表笔插入"＋"插孔，黑表笔插入"－/COM"插孔。测量大电压、大电流时，应将红表笔相应改插到 2500 V、10 A 插孔内。

测直流电流和直流电压时，红表笔连接被测量的正极，黑表笔接负极。测量电阻时，电源由万用表内部电池提供，$R \times 10k$ 挡接 9 V 电池，其他电阻挡位接 1.5 V 电池。此时"＋"插孔连接表内电池的负极，"－"插孔连接正极。

2. 测量电阻的步骤

（1）选择挡位

万用表的电阻挡有 $R \times 1$、$R \times 10$、$R \times 100$、$R \times 1k$、$R \times 10k$ 等不同挡位。根据被测电阻选择挡位时，应以测量时指针指在刻度盘中间附近为原则，此时的测量误差最小。

（2）电阻调零

指针式万用表每次换挡后，都要重新进行电阻调零。

（3）测量方法

测量电阻前先将被测电路的电源切断，测量时，万用表红、黑表笔分别接被测电阻的两端，注意不要用手接触表笔的金属部分，不要把人体电阻并入被测电阻的两端。

如指针偏转较大，接近右端的零刻度线时，说明被测电阻值小，量程大。反之，若指针偏转较小，接近左端"∞"刻度线时，被测电阻大，量程小。通过调节挡位，使指针尽可能指在刻度盘中间附近。

（4）正确读数

电阻刻度线，应从右往左读，读数时眼睛应位于指针正上方。

被测电阻值＝刻度读数×倍率（所选挡位）。

以测阻值约为 100 kΩ 的电阻为例，测量过程如下：

① 选择挡位与倍率：选择 $R \times 10k$ 挡。

② 电阻调零。

③ 测量方法：万用表红、黑表笔分别接被测电阻的两端。测量色环电阻时，可用手捏电阻的一端，一支表笔从电阻引线下侧接触，另一支表笔从电阻引线上侧接触，确保测量接触稳定。

④ 正确读数：若指针位置如图 1-5-3 所示，则测量值约为 9.5×10k，即 95 kΩ。

图 1-5-3　读数示例

3. 测量电压的步骤

（1）选择挡位

万用表的电压挡有"DCV $=\!=\!=$"直流和"ACV～"交流两区，直流有 2.5 V、10 V、50 V、250 V 和 500 V 等不同量程。根据被测电压选择量程时，应尽量使指针指示在满量程的 $\frac{2}{3}$ 附近。

若不确定被测电压的大小，应先用最大挡估测，再换至合适的挡位精确测量。

（2）测量方法

将万用表并接在被测电路两端，红表笔接被测电路的正极或高电位，黑表笔接负极或低电位（测量交流电压无此要求）。如果测量前无法判断被测电压的极性，可将任意一只表笔先接触被测电路一端，另一支表笔轻触电路另一端，若指针向右正偏，说明表笔正负极性接法正确，若指针反偏，说明表笔极性接反，交换表笔即可测量。

（3）正确读数

电压刻度线有 10、50 和 250 三条，根据所选挡位，选择对应的刻度线读数。如所选挡位为 50 V，按 50 的刻度线读数。如挡位为 2.5 V，按 250 的刻度线读数，被测电压＝指示值/100。读数时从左往右读，注意电压的方向，对应结果的正负值。

以指针位置如图 1-5-3 为例，挡位选择 50 V 时，测量值为 32.0 V；挡位选择 250 V 时，测量值为 160 V；挡位选择 2.5 V 时，测量值为 160/100，即 1.6 V。

4. 测量电流的步骤

（1）选择挡位

指针万用表只能测量直流电流，根据被测电流选择量程时，应尽量使指针指示在满量程的 $\frac{2}{3}$ 附近。若不确定被测电流的大小，应先用最大电流挡估测，再换至合适的电流挡位精确测量。

（2）测量方法

将万用表串接在被测电路中，使被测电流从"＋"插孔流入，从"－"插孔流出。若无法判断电流方向时，可参照电压测量方法判断。

（3）正确读数

电流与电压共用刻度线，读数和结果换算方法同电压。

5. 使用注意事项

① 指针式万用表应水平放置；

② 测量过程中严禁带电拨动转换开关，以免损坏仪表；

③ 万用表使用完毕后，应将转换开关置于交流电压最高挡或"OFF"挡。若长期不用，则应取出电池，以免漏电。

二、数字式万用表

数字万用表的测量值由液晶显示屏直接以数字的形式显示，读取方便，有些还带有语音提示功能。

1. 面板结构

数字式万用表面板可以分为读数区、量程选择区和表笔插孔区 3 个部分，如图 1-5-4 所示。

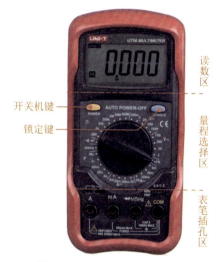

图 1-5-4　数字式万用表面板

（1）读数区

由液晶面板直接显示数值，精度不同，数值显示位数不同，常见的有 3 位和 4 位两种。

测量时若仅在最高位显示"1"，表示超量程。与指针万用表不同，数字万用表超量程一般不会损坏仪表。

（2）量程选择区

数字万用表可以测量交直流电压、交直流电流、电阻，并具备检测二极管、三极管、电容等功能，每个功能下有多个量程可供选择。

（3）表笔插孔区

数字万用表一般有四个表笔插孔，测量时黑表笔固定插入"COM"插孔，红表笔则根据测量需要，插入相应的插孔。非测量电流时，红表笔插"VΩHz"插孔；测量电流时则根据电流大小选择"mA"或"A"插孔。

2. 使用方法

（1）测量电阻

断开电路电源，根据被测量的大小选择合适的电阻量程，以图 1-5-4 数字万用表面板为例，如测量 1 kΩ 的电阻，应选用"2k"量程；测量 500 kΩ 的电阻，应选用"2M"量程。表笔分别接被测电阻的两端，被测电阻＝读数＋所选挡位的单位，读数时注意不要遗漏小数点。

以显示结果为 15.80 为例，若选择"200"量程，则被测电阻为 15.80 Ω；若选择"20k"量程，则被测电阻为 15.80 kΩ。

被测电阻未知时，从最小量程开始测量，若显示超量程则换至高一级量程，直至有正常示数，此时的量程为最佳。若继续调高量程，则测量有效位将减少，测量不准确。

（2）测量电压

根据被测电压的性质和数值区间，选择合适的量程，将万用表表笔并接在被测电路两端，然后读数。若被测电压未知，可从最小量程开始，方法同电阻。示值前若有"－"，表示结果为负值，被测电压＝读数＋所选挡位的单位，读数时注意不要遗漏小数点。

以测量如图 1-5-5 部分电路 AB 两点电压为例，假设挡位选 20 V，

若红表笔置 A，黑表笔置 B，示值为 12.50，则 $U_{AB}＝12.5$ V；

若红表笔置 A，黑表笔置 B，示值为－12.50，则 $U_{AB}＝－12.5$ V；

若红表笔置 B，黑表笔置 A，示值为 12.50，则 $U_{BA}＝12.5$ V，$U_{AB}＝－12.5$ V；

若红表笔置 B，黑表笔置 A，示值为－12.50，则 $U_{BA}＝－12.5$ V，$U_{AB}＝12.5$ V。

图 1-5-5 电压测量示例电路

（3）测量电流

根据被测电流的大小，将红表笔换至相应电流插孔，选择合适的量程，将万用表表笔串接进被测电路，然后读数。读数方法同电压。

注意，测量电流完毕后，立即将红表笔换至"VΩHz"插孔，以防下次使用时损坏仪表。

（4）判断电路通断

断开电路电源，将量程开关旋至"•)) ➔"判断电路通断，也可用相应电阻挡进行判断，但蜂鸣挡有声音提示，使用更便捷。

（5）使用注意事项

① 测量前应先检查万用表好坏，可将量程置于蜂鸣挡，红黑表笔短接，有蜂鸣声，说明万用表正常，表笔接触良好。

② 有的数表有锁定键，测量时可按下锁定键再读数，此时显示数值被锁定，即使松开表笔也不会变化。下次测量前再按一下锁定键解锁。

③ 当显示屏左下（或左上）出现类似电池的符号，或显示数值颜色很淡时，表示万用表电池即将耗尽，应尽快更换电池。

④ 使用完毕应立即关闭电源；若长期不用，则应取出电池，以免漏电。

数字万用表具有读数简单、使用便捷、不易损坏等优点,在电路测量中已基本取代了模拟万用表。

强化训练

一、单项选择题

1. 下列功能不属于万用表的是(   )。

A. 测量电流　　　　　　B. 测量电压　　　　　　C. 测量电阻　　　　　　D. 测量电功率

2. (2021年学考真题)在万用表上,电阻刻度线旁边标注的符号是(   )。

A. V　　　　　　　　B. Ω　　　　　　　　C. mA　　　　　　　　D. A

3. 用指针式万用表测量电阻时,挡位开关应旋转至(   )挡。

A. 直流电压　　　　　　B. 交流电流　　　　　　C. 欧姆　　　　　　D. 交流电压

4. 某指针式万用表上标有"+"、"-"、"10 A"、"2500 V"四个插孔,若要测量电阻,则黑表笔应插在(   )。

A. "+"插孔　　　　　　　　　　　　　B. "-"插孔

C. "10 A"插孔　　　　　　　　　　　　D. "2500 V"插孔

5. 某指针式万用表上标有"+,-,10 A,2500 V"四个插孔,若要测量电阻,则红表笔应插在(   )。

A. "+"插孔　　　　　　B. "-"插孔　　　　　　C. "10 A"插孔　　　　　　D. "2500 V"插孔

6. 用指针式万用表测量电阻时,以下说法错误的是(   )。

A. 不能带电测量　　　　　　　　　　　B. 测量前应先调零

C. 换量程时不用调零　　　　　　　　　D. 测量未知电阻时从最大量程开始

7. 用数字式万用表测量一节5号干电池的电压时,应选用(   )量程。

A. 2 V—　　　　　　B. 2 V∼　　　　　　C. 2 A—　　　　　　D. 2 A∼

8. 用数字式万用表测量一个9 V新电池的电压时,下列量程最合适的是(   )。

A. 2 V—　　　　　　B. 2 V∼　　　　　　C. 20 V—　　　　　　D. 20 V∼

9. 用数字式万用表测量家中插座电压时,下列量程最合适的是(   )。

A. 20 V—　　　　　　B. 1000 V—　　　　　　C. 20 V∼　　　　　　D. 700 V∼

10. 某数字万用表上标有"10 A"、"mA"、"COM"、"VΩ"四个插孔,若要测量直流电压,则红表笔应插在(   )。

A. "10 A"插孔　　　　　　B. "mA"插孔　　　　　　C. "COM"插孔　　　　　　D. "VΩ"插孔

11. 某数字万用表上标有"10 A"、"mA"、"COM"、"VΩ"四个插孔,若要测量直流电压,则黑表笔应插在(   )。

A. "10 A"插孔　　　　　　　　　　　　B. "mA"插孔

C. "COM"插孔　　　　　　　　　　　　D. "VΩHz"插孔

12. 某数字万用表上标有"10 A"、"mA"、"COM"、"VΩ"四个插孔,若要测量0.1 A以内的直流电流,则红表笔应插在(   )。

A. "10 A"插孔　　　　　　B. "mA"插孔　　　　　　C. "COM"插孔　　　　　　D. "VΩHz"插孔

13. 用数字式万用表测量直流电路中某段电压时,若选择"200 V—"量程,显示为"48.24",则被测电压是(　　)。

　　A. 24.12 V
　　B. 48.24 V
　　C. 96.48 V
　　D. 9648 V

14. 在下图所示电路中,将数字式万用表红表笔接 A 点,黑表笔接 B 点,选择"20 V—"量程,显示结果为"－12.20",则以下说法正确的是(　　)。

$$A \circ\!\!-\!\!\boxed{}\overset{\longrightarrow I}{}\!\!-\!\!\circ B$$

　　A. $I=12.20$ A
　　B. $I=-12.20$ A
　　C. $U_{AB}=12.20$ V
　　D. $U_{BA}=12.20$ V

15. 用数字式万用表测量直流电压时,若选择 2 V 挡,显示结果为"1",则以下说法正确的是(　　)。

　　A. 被测电压为 1 V
　　B. 被测电压＜1 V
　　C. 被测电压＞2 V
　　D. 万用表烧坏了

二、判断题

1. 指针式万用表在测量时,应水平放置。　　　　　　　　　　　　　　　　(　　)

2. 用指针式万用表测量电阻时,可以在电路通电时测量。　　　　　　　　(　　)

3. 指针式万用表的电阻挡的零刻度线在最右侧,与电压挡相反。　　　　(　　)

4. 用指针式万用表测量电阻时,只需测量前调零,换量程时不必重新调零。　(　　)

5. 指针式万用表的电阻挡刻度是均匀的,所以只要能有读数,选用哪个量程都可以。　　　　　　　　　　　　　　　　　　　　　　　　　　　　　(　　)

6. 使用指针式万用表测量电压与电流时,只要指针没有满偏,哪个挡位都可以测。　　　　　　　　　　　　　　　　　　　　　　　　　　　　　　(　　)

7. 用数字式万用表测量直流电流时,应将万用表串联至被测电路中。　　(　　)

8. (2019 年学考真题)用指针式万用表测量电阻选择量程时,应尽量使表头指针偏转到标度尺满刻度偏转的二分之一左右。　　　　　　　　　　　　　　　(　　)

9. 用数字式万用表测量某直流电压 U_{AB} 时,若红黑表笔随意插 A、B 点,可能把万用表烧坏。　　　　　　　　　　　　　　　　　　　　　　　　　　(　　)

10. 用数字式万用表测量某直流电压 U_{AB} 时,红表笔置 A,黑表笔置 B,测量结果为负值,则表示 A 点电位比 B 点高。　　　　　　　　　　　　　　　(　　)

11. (2019 年学考真题)数字万用表测量电路电压时,应把数字万用表串联在电路中。　　　　　　　　　　　　　　　　　　　　　　　　　　　　　(　　)

12. (2023 年学考真题)用数字万用表测量电流时,如果显示屏显示溢出符号"1",表示被测电流值超出所选量程。　　　　　　　　　　　　　　　　　　　(　　)

三、填空题

1. 用万用表测量电流时,应将万用表_____在被测电路中;测量电压时,应将万用表_____在被测电路中。

2. 用指针式万用表测量电路中电压时,高电位点接_____表笔,低电位点接_____表笔。

3. 指针式万用表测量电阻时,$R \times 10k$挡接万用表内部提供_____V电池。

4. 指针式万用表,使用前发现指针没有指在左侧零刻度线上时,应进行_____调零。

5. 用指针式万用表测量电阻时,红表笔对应的"+"插孔接万用表内部电源的_____极。

6. 某指针式万用表测量电压时,发现指针偏转较小,说明电压值较_____,应将挡位调_____。

7. 某数字万用表上共有"20 A"、"mA"、"COM"、"VΩHz"四个插孔,某直流电路电流计算值为10 mA,要测量该直流电流,应先将红表笔插在_____插孔,黑表笔插在_____插孔。

8. 用数字式万用表测量某直流电压U_{AB}时,红表笔置A,黑表笔置B,测量结果为负值,则表示B点电位比A点_____。

9. 用数字万用表测量9 V干电池时,如测量结果显示为"08.98 V",说明红表笔接触的点为_____极,黑表笔接触的点为_____极。

四、问答题

1. 简述模拟式万用表测量电阻的步骤。

2. 简述数字式万用表测量电压的步骤。

单元练习

一、单项选择题

1. 表示交流电的文字符号是(　　)。

A. AC 　　　　B. DC 　　　　C. CA 　　　　D. CD

2. (2019 年学考真题)下列不属于敏感电阻器的是(　　)。

A. 热敏电阻器 　　B. 绕线电阻器 　　C. 压敏电阻器 　　D. 光敏电阻器

3. 在照相机闪光灯控制中广泛应用的电阻是(　　)。

A. 压敏电阻 　　B. 热敏电阻 　　C. 光敏电阻 　　D. 气敏电阻

4. (2021 年学考真题)关于导体的电阻值,下列说法错误的是(　　)。

A. 和导体的温度有关 　　　　　　B. 和导体的长度有关

C. 和导体的横截面积有关 　　　　D. 和导体的电流有关

5. (2023 年学考真题)某电阻器表面标注为 6R8,该电阻器的电阻值为(　　)。

A. 0.68 Ω 　　B. 6.8 Ω 　　C. 68 Ω 　　D. 6.8 kΩ

6. 有一只四色环电阻,4 道色环的颜色分别是"红红橙银",则该电阻的标称阻值是(　　)。

A. 223 Ω 　　B. 2.2 kΩ 　　C. 22 kΩ 　　D. 22.3 kΩ

7. 小明用电水壶烧水时装水过多,当水沸腾时部分水流到底盘导致配电箱内空开跳闸。这是由于电路处于(　　)状态引起的。

A. 通路 　　B. 短路 　　C. 断路 　　D. 闭路

8. 当一段有源电路处于短路状态时,以下说法正确的是(　　)。

A. 该电路电流为零,电压为零 　　B. 该电路电流为零,电压最大

C. 该电路电流最大,电压为零 　　D. 该电路电流最大,电压最大

9. 某段有源电路处于开路状态,以下说法正确的是(　　)。

A. 该电路电流为零,电压为零 　　B. 该电路电流为零,电压最大

C. 该电路电流最大,电压为零 　　D. 该电路电流最大,电压最大

10. (2023 年学考真题)某电路中有 A、B、C 三点,已知 B 点电位 $V_B=15$ V,C 点电位 $V_C=-5$ V,A、B 两点间的电压 $U_{AB}=20$ V,则 A、C 两点间的电压 U_{AC} 是(　　)。

A. 20 V 　　B. 25 V 　　C. 30 V 　　D. 40 V

11. (2021 年学考真题)已知电压 $U_{AB}=12$ V,$U_{CB}=-10$ V,则 U_{AC} 为(　　)。

A. −22 V 　　B. −2 V 　　C. 2 V 　　D. 22 V

12. 若电路中 b、e 两点的电位分别为 3 V、2.3 V,则 b、e 两点间的电压 U_{be} 为(　　)。

A. 0.7 V 　　B. 7 V 　　C. −0.7 V 　　D. 5.3 V

13. 在一电路中测得 $U_{AB}=-5$ V,说明 A 点电位比 B 点电位(　　)。

A. 高 　　B. 低 　　C. 一样 　　D. 无法确定

14. 在下图所示电路中,当开关 S 闭合和断开时,A 点的电位分别为( )。

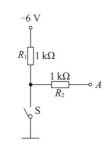

A. 0,−6 V   B. −6 V,0   C. −6 V,−6 V   D. 0,0

15. 在下图所示电路中,电压 U_{BA} 为( )。

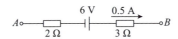

A. −3.5 V   B. −8.5 V   C. 3.5 V   D. 8.5 V

16. 某一电路处于负载额定状态工作。此时该电路处于( )状态。

A. 通路   B. 短路   C. 断路   D. 开路

17. 在全电路中,负载电阻减小,端电压将( )。

A. 增大   B. 减小   C. 不变   D. 不确定

18. 在全电路中,端电压的高低是随着负载的减小而( )。

A. 减小   B. 增大   C. 不变   D. 无法确定

19. 有一未知电源,测得其端电压 $U=18$ V,内阻 $R_0=1$ Ω,输出的电流 $I=2$ A,则该电源的电动势为( )。

A. 18 V   B. 9 V   C. 220 V   D. 20 V

20.(2021 年学考真题)某电路电源电动势是 12 V,内阻是 10 Ω,当外电路断路时,电路中的电流和电源端电压分别是 ( )

A. 0 A,0 V   B. 0 A,12 V   C. 12 A,0 V   D. 12 A,12 V

21. 有一电源 $E=10$ V,$R_0=1$ Ω,当外电路短路时,其端电压和电流分别是( )。

A. 0 V,0 A   B. 0 V,10 A   C. 10 V,0 A   D. 10 V,10 A

22. 用电压表测得某电路的电源输出端电压为 0,说明( )。

A. 外电路短路   B. 外电路断路

C. 电源内阻为零   D. 外电路的电流比较小

23. 某导体两端电压为 100 V,通过的电流为 2 A,当两端的电压降为 50 V 时,导体的电阻应为( )。

A. 10 Ω   B. 25 Ω   C. 50 Ω   D. 0

24. 已知 a 点电位 $U_a=E-IR$,以下符合的电路是( )。

A. ![电路A]   B. ![电路B]

C. ![电路C]   D. ![电路D]

25. 某照明用输电线,导线电阻为 1 Ω,电流为 10 A,则 10 min 内可产生热量(   )。

A. 1×10^3 J

B. 1×10^4 J

C. 6×10^3 J

D. 6×10^4 J

26. 一条均匀电阻丝对折后,接到原来的电路中(电源电压不变),在相同的时间里,电阻丝所产生的热量是原来的(   )倍。

A. $\dfrac{1}{2}$

B. $\dfrac{1}{4}$

C. 4

D. 2

27. "12 V/6 W"的灯泡,接入 6 V 电路中,通过灯泡实际电流是(   )。

A. 1 A

B. 0.5 A

C. 0.25 A

D. 0.125 A

28. (2019 年学考真题)一只规格为"24 V/10 W"的灯泡,若接在 12 V 电源上,灯泡消耗的功率为(   )。

A. 10 W

B. 5 W

C. 3.5 W

D. 2.5 W

29. 两个额定电压相同的电炉阻值分别为 R_1 和 R_2,已知 $R_1 > R_2$,所以 R_1 的额定功率 P_1 与 R_2 的额定功率 P_2 的关系是(   )。

A. $P_1 = P_2$

B. $P_1 < P_2$

C. $P_1 > P_2$

D. 无法确定

30. 某电源开路电压为 12 V,短路电流为 1 A,则负载能从电源获得的最大功率为(   )。

A. 3 W

B. 6 W

C. 12 W

D. 24 W

31. 在下图所示电路中,已知灯泡的额定电压为 3 V,如图接成三种电路,下列说法正确的是(   )。

A. 电路 A 灯最亮

B. 电路 B 灯最亮

C. 电路 C 灯最亮

D. 电路 A 和 C 灯最亮

32. (2021 年学考真题)某数字万用表直流电压共有"2"、"20"、"200"、"750"四个挡位,如果要测 60 V 左右的直流电压时,应选用(   )挡位。

A. "2"

B. "20"

C. "200"

D. "750"

33. 小明在家里给手机充电时发现没充电提示,于是他拿来数字万用表检查插孔上是否有电,那么他应该将量程打至(   )。

A. 20 V—

B. 20 V∼

C. 700 V∼

D. 1000 V—

34. 用数字式万用表测量直流电路中某段电压时,若选择"20 V—"量程,显示为"8.24",则被测电压是(   )。

A. 4.12 V

B. 8.24 V

C. 16.48 V

D. 16.4.8 V

35. 某数字万用表直流电压共有"2","20","200","750"四挡位,测量如下图所示电路中 100 Ω 电阻两端的电压时,应选用(　　　)挡位。

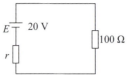

A. 2　　　　　　　　B. 20　　　　　　　　C. 200　　　　　　　　D. 750

二、判断题

1.(2023 年学考真题)在电路中,熔断器是负载装置。　　　　　　　　　　　(　　)

2.(2019 年学考真题)大多数金属在温度降到某一数值时,都会出现电阻突然降为零的现象,称为超导现象。　　　　　　　　　　　　　　　　　　　　　　　(　　)

3.(2021 年学考真题)一般情况下,金属导体的电阻,随温度升高而减小,随温度降低而增大。　　　　　　　　　　　　　　　　　　　　　　　　　　　　　　(　　)

4. 白炽灯的灯丝电阻随温度的升高而增大。　　　　　　　　　　　　　　　(　　)

5. 导体材料和截面积一定,导体的电阻与长度成正比。　　　　　　　　　　(　　)

6. 铜的电阻率比铝小,说明同样尺寸的铜导体比铝导体导电性能更差。　　　(　　)

7.(2021 年学考真题)光敏电阻在光控开关中是检测光线的元件。　　　　　　(　　)

8. 在电路中,电子流动的方向规定为电流的实际方向。　　　　　　　　　　(　　)

9. 电流为负值,表明实际电流方向跟假设的电流方向相反。　　　　　　　　(　　)

10. 在直流电路中,若计算结果电流 $I<0$,则说明该电流的参考方向与实际方向相反。

(　　)

11.(2019 年学考真题)电路中的电位参考点改变了,该电路中任意两点间的电压大小也改变了。　　　　　　　　　　　　　　　　　　　　　　　　　　　　(　　)

12. 电动势的大小与外电路无关,它由电源本身性质决定。　　　　　　　　　(　　)

13.(2023 年学考真题)电路中某点的电位大小就是该点与参考点之间的电压值。

(　　)

14.(2023 年学考真题)电阻的电流和电压方向为非关联参考方向,已知电压值是 −5 V,则电流值是负值。　　　　　　　　　　　　　　　　　　　　　　　　(　　)

15. 已知电路中 A、B 两点电位相等,用导线连接起来,则电流 I_{AB} 一定为 0。　(　　)

16. 已知电路中 A、B 两点电位相等,即 $U_A=U_B$,则电压 $U_{AB}=0$。　　　(　　)

17. 电路中有 A、B、C 三点,已知电压 $U_{AB}=20$ V,$U_{AC}=10$ V,则电压 U_{BC} 为 −10 V。

(　　)

18. 由公式 $R=U/I$ 可知,流过电阻的电流越大,电阻越小。　　　　　　　　(　　)

19. $R=1$ kΩ 的电阻上,U、I 参考方向不一致,$U=-10$ V 时,则 $I=-10$ mA。　(　　)

20. 当电路处于短路状态时,电路中的电流达到最大。　　　　　　　　　　　(　　)

21.(2023 年学考真题)在通路状态下,负载电阻变大,端电压就变小。　　　　(　　)

22.(2021 年学考真题)当电路开路时,电源电动势的大小为零。　　　　　　　(　　)

23. 当电路开路时,电源电动势等于端电压。　　　　　　　　　　　　　　（　　）

24. 当电路短路时,电源端电压的大小为零。　　　　　　　　　　　　　　（　　）

25. 用电设备的功率越大,单位时间内消耗的电能越多。　　　　　　　　　（　　）

26. 额定功率为 50 W 的 8 Ω 电阻,使用时的端电压不能超过 20 V。　　　（　　）

27.（2023 年学考真题）如果能用超导电缆输电,就可以避免输电线上的电能损耗,且不需要高压输电。　　　　　　　　　　　　　　　　　　　　　　　　　　（　　）

28.（2023 年学考真题）通过电阻的电流增大到原来的 2 倍时,它所消耗的功率也增大到原来的 2 倍。　　　　　　　　　　　　　　　　　　　　　　　　　　（　　）

29. 把"25 W/220 V"的灯泡接在"1000 W/220 V"的发电机上时,灯泡会烧坏。（　　）

30. 当实际电源外接负载的阻值与其内阻相等时,输出功率最大。　　　　　（　　）

31. 用万用表交流电压挡测出的交流电压值是有效值。　　　　　　　　　　（　　）

32.（2019 年学考真题）用指针式万用表测量电阻的阻值时,应先选择合适的挡位,再进行调零。　　　　　　　　　　　　　　　　　　　　　　　　　　　　　（　　）

33.（2021 年学考真题）用数字万用表测量直流电路中 A、B 两点间电压,若将红表笔接 A 点,黑表笔接 B 点,显示结果为负值,则说明电压的实际方向是 A 指向 B。　（　　）

三、填空题

1. 敏感电阻有许多种类,与所处的磁场的磁感应强度大小有关的电阻叫_____电阻;对外界光线变化敏感的电阻称为_____电阻。

2.（2019 年学考真题）在电阻值不变的情况下,电阻器两端的电压越高,流经电阻器的电流越_____。

3. 某五色环电阻的色环依次是绿黑绿银棕,则标称阻值是_____Ω,允许误差是_____。

4.（2019 年学考真题）已知某电路中,若选 a 点作为参考点,则 a 点电位为_____V。

5. 若电路中有 a、b 两点,电位分别为 U_a、U_b,则 $U_{ab}=$_____,$U_{ba}=$_____。

6. a、b 两点间的电压 $U_{ab}=11$ V,a 点的电位 $V_a=5$ V,则 b 点的电位 $V_b=$_____。

7. a、b 两点间的电压 $U_{ab}=-40$ V,b 点的电位 $V_b=-10$ V,则 a 点的电位 $V_a=$_____。

8. 如果把一个 10 V 电源的负极接地,则正极的电位是_____。

9. 在电池内部,正电荷移动的方向是从_____极到_____极,电压与电动势的方向_____。

10. 在下图所示电路中,当 S 闭合时 $V_A=$_____,$U_{AB}=$_____;当 S 断开时 $V_A=$_____,$U_{AB}=$_____。

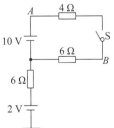

11. 在下图所示电路中，$E=20$ V，$R=4$ Ω，$I=2$ A，则端电压 $U_{AB}=$ _____ V。

12. 一电阻两端电压为 10 V 时，电阻值为 10 Ω；当电压升至 20 V，电阻为 _____ Ω。

13. 在下图所示电路中，在 $U=0.5$ V 处，R_1 _____（＞、＝、＜）R_2，其中，R_1 是 _____ 电阻，R_2 是 _____ 电阻。

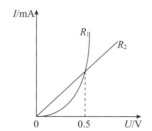

14. 一闭合电路，电源的端电压与电流的变化如下图所示，则电源的电动势是 _____，电源的内阻是 _____。若接上负载，要使电源输出最大功率，则负载的电阻值是 _____，此时电源的效率是 _____％。

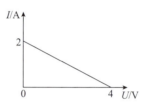

15. 在下图所示电路中，元件 P 的功率为 _____ W，它是 _____（电源或负载）元件。

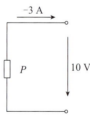

16. 一个 220 V／2.2 kW 的电热器，正常工作时的电流为 _____ A，该电热器若每天使用 2 h，则 11 月份耗电 _____ kW·h。

17. 用来测量电能的仪表称为 _____，用来测量电功率的仪表称为 _____。

18. 指针式万用表测电阻时，每次换挡位 _____（要或不要）电气调零。

19.（2019 年学考真题）用数字万用表测量电路电流时，应把数字万用表 _____ 联在电路中。

四、计算题

1. 有一功率为 1200 W 的电暖器,如果平均每天使用 5 个小时,每度电按五毛钱算,请计算使用 30 天电暖器会花掉多少电费?

2. 在右下图所示电路中,求 a、b、c 三点的电位。

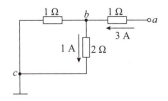

3. 在右下图所示电路中,求 U_{ab}。

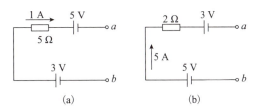

(a)　　　　　　(b)

4. 在某电路中,当外电路开路时,测得电源两端的电压为 30 V,当外电路短路时,测得电路的电流为 6 A,求该电源的电动势和内阻。

5. 一个标有"220 V/110 W"的灯泡,把它接到 200 V 的电压上,如果每天点 10 小时,那么一个月(30 天)会消耗多少度电?

6. 一个标有"12 V/24 W"的灯泡,如果两端加 48 V 的电压,那么通过灯丝的实际电流是多少?

第二章 直流电路分析

第一节 电阻的连接

 思维导图

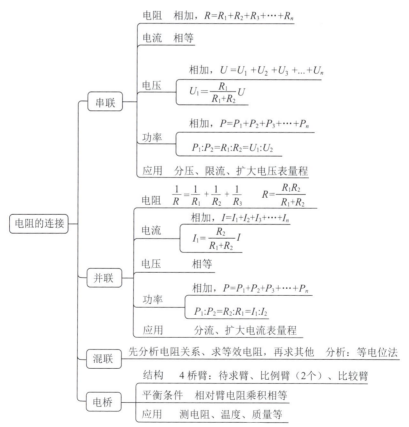

学习任务

1. 理解电阻串、并联电路中电流、电压和功率的分配规律；
2. 掌握电阻串联、并联和混联时有关等效电阻、电压及电流的计算；
3. 了解电阻串联电路和并联电路的应用；
4. 理解电桥平衡的定义，掌握电桥平衡的条件和实际应用。

一、电阻的串联

1. 电阻串联的定义

将几个电阻一个接一个地依次首尾相接，中间没有任何分支，这样的连接方式称为电阻的串联，如图 2-1-1 所示。

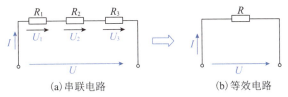

(a)串联电路   (b)等效电路

图 2-1-1 电阻的串联

2. 电阻串联的特点

（1）电流特点

电路中流过每个电阻的电流都相等，即

$$I=I_1=I_2=I_3=\cdots=I_n$$

（2）电压特点

电路两端的总电压等于各电阻两端的电压之和，即

$$U=U_1+U_2+U_3+\cdots+U_n$$

（3）电阻特点

电路的总电阻（即等效电阻）等于各串联电阻之和，即

$$R=R_1+R_2+R_3+\cdots+R_n$$

（4）电压分配

电路中各电阻两端的电压与它的阻值成正比，即

$$\frac{U_1}{R_1}=\frac{U_2}{R_2}=\frac{U_3}{R_3}=\cdots=\frac{U_n}{R_n}$$

上式表明，在电阻串联电路中，阻值越大的电阻分配到的电压也越大，反之电压越小。当两个电阻串联时，

$$U_1=IR_1=\frac{U}{R_1+R_2}R_1=\frac{R_1}{R_1+R_2}U$$

同理，有

$$U_2=\frac{R_2}{R_1+R_2}U$$

以上两式为两个电阻串联的分压公式。

（5）功率特点

电路中各电阻消耗的功率与它的阻值成正比，即

$$\frac{P_1}{R_1}=\frac{P_2}{R_2}=\frac{P_3}{R_3}=\cdots=\frac{P_n}{R_n}$$

电路总功率等于各电阻消耗的功率之和，即

$$P=P_1+P_2+P_3+\cdots+P_n$$

3. 电阻串联的应用

在实际工作中，电阻串联应用非常广泛，如：

① 用小阻值的电阻串联来获得较大阻值的电阻。

② 限制和调节电路中的电流。

③ 几个电阻串联构成分压器，如图 2-1-2 所示。4 个 25 Ω 的电阻串联，通过分接开关换接，输出端可获得 4 种电压。

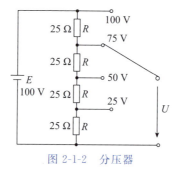

图 2-1-2　分压器

④ 利用串联电阻来扩大电压表量程，如图 2-1-3 所示。R_a 为电压表表头电阻，串联电阻 R_x 后，电压量程由 U_a 扩大至 U。

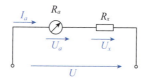

图 2-1-3　扩大电压表量程

例 2.1.1　电压表扩大量程电路如图 2-1-3 所示，已知电压表表头满偏电流 $I_a=50\ \mu A$，内阻 $R_a=4\ k\Omega$，若要改装成量程为 10 V 的电压表，应串联多大电阻？

解： 当表头满偏时，表头两端电压为

$$U_a=I_aR_a=50\times10^{-6}\times4\times10^3=0.2(V)$$

串入分压电阻 R_x 两端电压为

$$U_x=U-U_a=(10-0.2)=9.8(V)$$

分压电阻阻值为

$$R_x=\frac{U_x}{I_a}=\frac{9.8}{50\times10^{-6}}=196(k\Omega)$$

所以，需要串入的电阻为 196 kΩ。

二、电阻的并联

1. 电阻并联的定义

把几个电阻并列地连接在两点之间,使各个电阻承受同一个电压,这种连接方式称为电阻的并联,如图 2-1-4 所示。

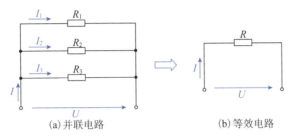

(a)并联电路　　　　　　　　　　(b)等效电路

图 2-1-4　电阻的并联

2. 电阻并联的特点

(1)电压特点

电路中各电阻两端的电压相等,且等于电路两端的总电压,即

$$U=U_1=U_2=U_3=\cdots=U_n$$

(2)电流特点

电路的总电流等于流过各电阻的电流之和,即

$$I=I_1+I_2+I_3+\cdots+I_n$$

(3)电阻特点

电路的总电阻(即等效电阻)的倒数等于各并联电阻的倒数之和,即

$$\frac{1}{R}=\frac{1}{R_1}+\frac{1}{R_2}+\frac{1}{R_3}+\cdots+\frac{1}{R_n}$$

① 当两个电阻并联时,其等效电阻为

$$R=\frac{R_1R_2}{R_1+R_2}$$

② 当 n 个相同的电阻 R_1 并联时,其等效电阻为

$$R=\frac{R_1}{n}$$

显然,并联电路的总电阻比任何一个并联的电阻阻值都小。

(4)电流分配

电路中各支路的电流与各支路电阻阻值成反比,即

$$IR=I_1R_1=I_2R_2=I_3R_3=\cdots=I_nR_n$$

上式表明,在电阻并联电路中,阻值越大的电阻分配到的电流越小,反之电流越大。

当两个电阻并联时,

$$\frac{I_1}{I_2}=\frac{R_2}{R_1}$$

各电阻上分得的电流为

$$I_1 = \frac{R_2}{R_1 + R_2}I \qquad I_2 = \frac{R_1}{R_1 + R_2}I$$

此式即为两个电阻并联时的分流公式。

（5）功率特点

电路中各电阻消耗的功率与它的阻值成反比，即

$$PR = P_1 R_1 = P_2 R_2 = P_3 R_3 = \cdots = P_n R_n$$

电路中总功率等于各电阻消耗的功率之和，即

$$P = P_1 + P_2 + P_3 + \cdots + P_n$$

3. 电阻并联的应用

① 实际应用中，凡是额定工作电压相同的负载几乎都采用并联，如各种电动机、照明灯具都采用并联，这样任一负载的启动或关断都不会影响其他负载的使用。

② 几个较大阻值的电阻并联后可获得较小阻值的电阻。

③ 利用并联电阻的方法来扩大电流表的量程，如图 2-1-5 所示。R_g 为电流表表头电阻，并联电阻 R_x 后，电流量程由 I_g 扩大到 I。

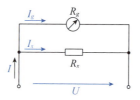

图 2-1-5　扩大电流表量程

例 2.1.2　电流表扩大量程电路如图 2-1-5 所示，已知表头满偏电流 $I_g = 100\ \mu\text{A}$，内阻 $R_g = 5\ \text{k}\Omega$，若把它改成量程为 $500\ \mu\text{A}$ 的电流表，应并联多大电阻？

解：通过分流电阻 R_x 的电流　$I_x = I - I_g = 500 - 100 = 400(\mu\text{A})$，

电阻 R_x 两端电压 $U_x = U_g = I_g R_g = 100 \times 10^{-6} \times 5 \times 10^3 = 0.5(\text{V})$，

则分流电阻 $R_x = \dfrac{U_x}{I_x} = \dfrac{0.5}{400 \times 10^{-6}} = 1250(\Omega)$。

三、电阻的混联

在同一电路中既有电阻串联又有电阻并联，这种连接方式称为电阻的混联。图 2-1-6 所示电路为 R_2 与 R_3 串联后再和 R_1 并联。

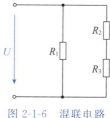

图 2-1-6　混联电路

混联电路的分析和计算一般可按以下步骤进行：

① 理清电路中电阻串、并联关系，必要时重新画出串、并联关系明确的电路图。无法看清串、并联关系时，可以采用等电位法进行变换，变换步骤为：

a. 给电路不同的电位点标号（如 A、B、C 等）；

b. 分析每个电阻所处的位置（如 R_1 处在 A、B 点间）；

c. 画出等效变换后的电路图。

② 利用串、并联等效电阻公式计算出电路中的总等效电阻。

③ 利用已知条件进行计算，确定电路的端电压与总电流。

④ 根据电阻串、并联电路的特点，逐步推算出各电阻的电流、电压和功率等待求量。

例 2.1.3　在图 2-1-7（a）所示电路中，已知 $R_1 = R_2 = R_3 = 3\ \Omega$，$R_4 = R_5 = 6\ \Omega$，求 A、B 间的等效电阻 R_{AB}。

解：（1）理清电路中各电阻关系，给电路中各电位点编号，如图 2-1-3（b）所示，一共 3 个电位点，左侧两个与引出端直接相连，故保留 A、B 编号，新增 C 编号。

（2）将 A、B、C 各点沿竖直（或水平）方向排列，待求点 A、B 排在最外侧。将 $R_1 \sim R_5$ 依次填入相应的字母之间［看（b）图，R_1 与 R_2 串联在 A、C 之间，R_5 也在 A、C 之间，R_3 在 B、C 之间，R_4 在 A、B 之间］，画出等效变换后的电路图，如图 2-1-7（c）所示。

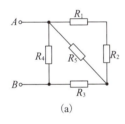 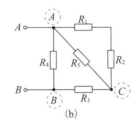 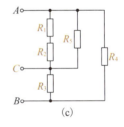

图 2-1-7　例 2.1.3 图

（3）由等效电路可求出 A、B 之间的等效电阻，即

$$R_{12} = R_1 + R_2 = 3 + 3 = 6(\Omega)$$

$$R_{125} = R_{12} /\!/ R_5 = \frac{R_{12} \times R_5}{R_{12} + R_5} = \frac{6 \times 6}{6 + 6} = 3(\Omega)$$

$$R_{1253} = R_{125} + R_3 = 3 + 3 = 6(\Omega)$$

$$R_{AB} = R_{1253} /\!/ R_4 = \frac{R_{1253} \times R_4}{R_{1253} + R_4} = \frac{6 \times 6}{6 + 6} = 3(\Omega)$$

例 2.1.4　在图 2-1-8 所示电路中，已知 $R = 20\ \Omega$，电源电动势 $E = 12\ V$，内阻 $r = 1\ \Omega$，试求电路中的总电流 I。

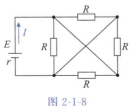

图 2-1-8

解:(1)标出等电位点,如图 2-1-9 所示;

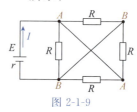

图 2-1-9

(2)分析每个电阻的位置,画出等效电路图,如图 2-1-10 所示;

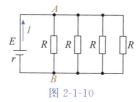

图 2-1-10

(3)计算

$$R_{AB}=\frac{R}{4}=\frac{20}{4}=5(\Omega)$$

$$I=\frac{E}{R+r}=\frac{12}{5+1}=2(A)$$

四、直流电桥

直流电桥是一种常用的比较式电工仪表,又称惠斯登电桥。直流电桥的内部采用准确度很高的标准电阻器作为标准量,再用比较的方法测量电阻。因此,直流电桥测量的准确度很高。直流电桥有单臂电桥和双臂电桥两种。单臂电桥用于测量中值电阻,双臂电桥用于测量小电阻。

1. 直流电桥的原理

直流单臂电桥原理如图 2-1-11 所示,电桥由 R_1、R_2、R_3、R_x 四个桥臂组成,其中 R_x 为被测电阻,R_1、R_2、R_3 为标准电阻。B、D 之间接入检流计 G。

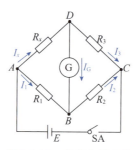

图 2-1-11　直流电桥电路

接通开关 SA,通过调节标准电阻 R_1、R_2、R_3 的阻值,使检流计 G 指零,这时称为电桥平衡。电桥平衡表明电桥 B、D 两端的电位相等,故有

$$U_{AB}=U_{AD}, U_{BC}=U_{DC}$$

即

$$I_1R_1=I_xR_x, I_2R_2=I_3R_3$$

由于电桥平衡时 $I_G=0$,因此 $I_1=I_2$,$I_3=I_x$,代入以上两式,可得

$$R_1R_3=R_2R_x$$

上式就是电桥平衡的条件,即电桥相对臂电阻的乘积相等时,电桥就处于平衡状态。

上式也可写成

$$R_x=\frac{R_1}{R_2}R_3$$

将 R_1、R_2 称为比例臂,R_3 称为比较臂,一般将 R_1/R_2 设成整十倍数。则电桥平衡条件也可写成

$$R_x=比例臂倍率×比较臂读数$$

2. 直流电桥的使用方法

图 2-1-12 是 QJ23 型直流单臂电桥的外形结构示意图。比例臂为可调倍率旋钮,比较臂由四个 0~9 可调旋钮组成,四个旋钮的示值分别代表比较臂的千位、百位、十位、个位四位数。

测量前先调节检流计使其指零,将被测电阻接入 R_x 两端,按下电源按钮和检流计按钮,分别调节比较臂四个旋钮,使检流计指针趋近于零位,则 $R_x=$比例臂倍率×比较臂读数。

图 2-1-12　QJ23 型直流单臂电桥

例 2.1.5　图 2-1-13 所示的电桥处于平衡状态,其中 $R_1=30\ \Omega$,$R_2=15\ \Omega$,$R_3=20\ \Omega$,$r=1\ \Omega$,$E=9.5\ \text{V}$,求电阻 R_4 的阻值和流过它的电流。

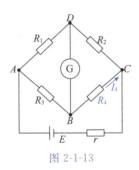

图 2-1-13

解:因为电桥处于平衡状态,所以

$$R_1R_4=R_2R_3$$

代入数据得

$$30R_4=15×20$$
$$R_4=10(\Omega)$$

电桥平衡时,图 2-1-13 可以等效为图 2-1-14,

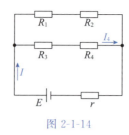

图 2-1-14

所以有

$$R_{总} = (R_1 + R_2) /\!/ (R_3 + R_4) + r$$

$$= \frac{45 \times 30}{45 + 30} + 1 = 19(\Omega)$$

电路的总电流为

$$I = \frac{E}{R_{总}} = \frac{9.5}{19} = 0.5(A)$$

由分流原理可知,流过 R_4 的电流为

$$I_4 = \frac{45}{45 + 30} \times 0.5 = 0.3(A)$$

3. 直流电桥的应用

(1) 精确测量电阻

直流电桥不受电源波动影响,且标准电阻精度高,因此直流电桥可以更精确地测电阻,其中,双臂电桥可以测量 1 Ω 以下的导线电阻。

(2) 测量温度

把热敏电阻接入被测位,当温度变化时,电阻值也会随之变化,用电桥测出电阻值的变化量,即可计算出温度的变化量。

(3) 测量质量

在如图 2-1-15 所示电路中,把电阻应变片紧贴在承重的部位,同时接入电桥的被测臂,当电阻应变片受到力的作用时,其阻值就会发生变化,通过电桥可以把电阻的变化量转换成电压变化量 U_0,再经放大等处理后,最后显示出物体的质量。

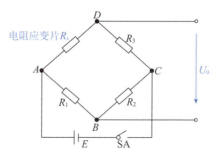

图 2-1-15 电桥测量质量原理

强化训练

一、单项选择题

1. 电路中的串联电阻可以起到（　　）作用。

A. 限流　　　　　　　　　　　　　B. 分压

C. 限流和分压　　　　　　　　　　D. 增加电流

2.（2021年学考真题）两个电阻 $R_1 : R_2 = 1 : 2$，串联后接到 30 V 的电源上，则 R_1 两端的电压值为（　　）。

A. 10 V　　　　　　B. 20 V　　　　　　C. 30 V　　　　　　D. 40 V

3. 电路中的并联电阻可以起到（　　）作用。

A. 分压　　　　　　B. 分流　　　　　　C. 分流和分压　　　　D. 限流

4. 两个电阻串联接入电路，当两个电阻阻值不相等时，则（　　）。

A. 电阻大的电压小　　　　　　　　B. 电压相等

C. 电阻小的电压小　　　　　　　　D. 电压大小与阻值无关

5. 两个电阻并联接入电路，当两个电阻阻值不相等时，则（　　）。

A. 电阻大的电流小　　　　　　　　B. 电流相等

C. 电阻小的电流小　　　　　　　　D. 电流大小与阻值无关

6. 用 10 个 100 Ω 的电阻并联后，其等效电阻为（　　）。

A. 1 Ω　　　　　　B. 10 Ω　　　　　　C. 100 Ω　　　　　　D. 1000 Ω

7. 两电阻 $R_1 = 2$ Ω，$R_2 = 3$ Ω，并联后，这两个电阻的功率之比 $P_1 : P_2$ 是（　　）。

A. 3 : 2　　　　　　B. 2 : 3　　　　　　C. 2 : 1　　　　　　D. 1 : 2

8. 有段电阻为 16 Ω 的导线，把它对折起来作为一条导线用时电阻为（　　）。

A. 4 Ω　　　　　　B. 8 Ω　　　　　　C. 16 Ω　　　　　　D. 32 Ω

9. 一段电阻为 8 Ω 的金属线，把它截成均匀的 4 段，再将这 4 段并联起来，则并联后的总电阻是（　　）。

A. 0.1 Ω　　　　　　B. 0.5 Ω　　　　　　C. 2 Ω　　　　　　D. 8 Ω

10. 两个电阻并联，$R_1 : R_2 = 1 : 2$，总电流大小为 9 A，则 R_1 上 I_1 的大小为（　　）。

A. 1 A　　　　　　B. 3 A　　　　　　C. 6 A　　　　　　D. 9 A

11. 两个电阻串联，$R_1 : R_2 = 1 : 2$，总电压大小为 60 V，则 R_1 上电压 U_1 的大小为（　　）。

A. 10 V　　　　　　B. 20 V　　　　　　C. 30 V　　　　　　D. 40 V

12. 电阻 $R_1 = 4$ Ω 和 $R_2 = 3$ Ω 串联于电源电压 E 上，则其功率比 $P_1 : P_2$ 为（　　）。

A. 3 : 4　　　　　　B. 4 : 3　　　　　　C. 9 : 16　　　　　　D. 16 : 9

13. 下列图中每个电阻阻值都相等，则总电阻最小的是（　　）。

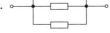

14. 已知 $R_1 = 5R_2$，当 R_1 与 R_2 串联后使用，若 R_1 上消耗的功率为 2 W，则 R_2 上所消耗的功率为（　　）。

　　A. 0.4 W　　　　　　　　　　　　　　　B. 1 W

　　C. 5 W　　　　　　　　　　　　　　　　D. 10 W

15. 已知 $R_1 = 4R_2$，当 R_1 与 R_2 并联后使用，若 R_1 上流过的电流为 5 A，则 R_2 上流过的电流为（　　）。

　　A. 1.25 A　　　　　B. 2.5 A　　　　　C. 5 A　　　　　D. 20 A

16. 已知 $R_1 > R_2 > R_3$，若将此三只电阻串联接在电压为 U 的电源上，获得最大功率的是（　　）。

　　A. R_1　　　　　B. R_2　　　　　C. R_3　　　　　D. 一样大

17. 如下图所示，四只额定功率相同的灯泡工作电压都是 6 V，灯泡能正常工作的接法是（　　）。

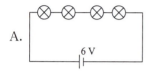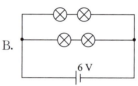

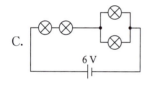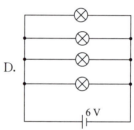

18. 如下图所示，四只额定功率相同的灯泡工作电压都是 3 V，灯泡能正常工作的接法是（　　）。

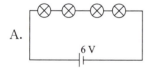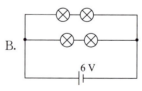

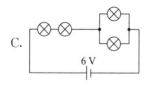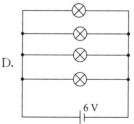

19. 给内阻为 9 kΩ、量程为 1 V 的电压表串联电阻后，量程扩大为 10 V，则串联电阻为（　　）。

　　A. 1 kΩ　　　　　B. 81 kΩ　　　　　C. 90 kΩ　　　　　D. 99 kΩ

20. 已知 $3R_1 = R_2$，当 R_1 与 R_2 串联接于总电压为 U 的电源上使用时，则 R_2 的分电压是 R_1 分电压的（　　）。

A. 1/3 倍　　　　　B. 2 倍　　　　　C. 3 倍　　　　　D. 6 倍

21. 已知 A 灯"220 V/40 W"，B 灯"220 V/60 W"，C 灯"220 V/80 W"，若把它们串联接到 220 V 电源上，则（　　）。

A. 灯 A 较亮　　　B. 灯 B 较亮　　　C. 灯 C 较亮　　　D. 三灯一样亮

22. 已知 A 灯"220 V/40 W"，B 灯"220 V/60 W"，C 灯"220 V/80 W"，若把它们并联接到 220 V 电源上，则（　　）。

A. 灯 A 较亮　　　　　　　　　　B. 灯 B 较亮

C. 灯 C 较亮　　　　　　　　　　D. 三灯一样亮

23. 在下图所示电路中，已知 $R_1 = R_2 = R_3 = 10\ \Omega$，则 R_{AB} 为（　　）。

A. $\dfrac{10}{3}\ \Omega$　　　　B. 5 Ω　　　　C. $\dfrac{20}{3}\ \Omega$　　　　D. 10 Ω

24. 在下图所示电路中，已知 $R_1 = R_2 = 30\ \Omega$，$R_3 = 60\ \Omega$，则 R_{AB} 为（　　）。

A. 40 Ω　　　　B. 50 Ω　　　　C. 90 Ω　　　　D. 120 Ω

二、判断题

1. 几个电阻并联后的总电阻等于各并联电阻的倒数和。　　　　　　（　　）

2. 串联电阻具有分压作用。　　　　　　　　　　　　　　　　　　（　　）

3. 家用电器都是并联使用的。　　　　　　　　　　　　　　　　　（　　）

4. 并联电路中的电流处处相等。　　　　　　　　　　　　　　　　（　　）

5. 几个相同大小的电阻的一端连在电路中的一点，另一端也同时连在另一点，使每个电阻两端都承受相同的电压，这种联结方式叫电阻的并联。　　　　　　　　（　　）

6. 在并联电路中，并联的电阻越多，其总电阻越小，而且小于任一并联支路的电阻。

（　　）

7.（2021 年学考真题）几个电阻并联后的总电阻值一定大于其中任一个电阻的阻值。

（　　）

8. 在串联电路中，流过各串联元件的电流相等，各元件上的电压则与各自的电阻成正比。

（　　）

9. 5 Ω电阻与1 Ω电阻串联,5 Ω电阻大,电流不易通过,所以流过1 Ω电阻的电流大。

        (　　)

10.（2022年学考真题）电阻串联电路中,各电阻消耗的功率与其阻值成正比。 (　　)

三、填空题

1. 两电阻 $R_1 = 3$ Ω,$R_2 = 6$ Ω,若将 R_1、R_2 并联,等效电阻为_____Ω;若将其串联,等效电阻为_____Ω。

2. 有两个电阻 R_1 和 R_2,已知 $R_1 : R_2 = 1 : 2$,若它们在电路中串联,则两电阻上的电压比 $U_1 : U_2 =$ _____,两电阻上的电流之比 $I_1 : I_2 =$ _____,两电阻上消耗的功率之比 $P_1 : P_2 =$ _____。

3. 有两个电阻 R_1 和 R_2,已知 $R_1 : R_2 = 1 : 2$,若它们在电路中并联,则两电阻上的电压比 $U_1 : U_2 =$ _____,两电阻上的电流之比 $I_1 : I_2 =$ _____,两电阻上消耗的功率之比 $P_1 : P_2 =$ _____。

4. 在电阻串联电路中,各电阻上的电流_____;电路的总电压与分电压的关系为_____;电路的等效电阻与分电阻的关系为_____。

5. 电阻串联可获得阻值较_____电阻,可限制和调节电路中的_____,还可扩大电表测量_____的量程。

6. 把多个元件_____地连接起来,由_____供电,就组成了并联电路。

7. 电阻并联可获得阻值较_____的电阻,还可以扩大电表测量_____的量程。

8. 有两个电阻,当把它们串联起来时总电阻是10 Ω,当把它们并联起来时总电阻是2.5 Ω,这两个电阻分别为_____Ω和_____Ω。

9. 两个并联电阻,其中 $R_1 = 200$ Ω,通过 R_1 的电流 $I_1 = 0.2$ A,通过整个并联电路的电流 $I = 0.6$ A,则 $R_2 =$ _____Ω,通过 R_2 的电流 $I_2 =$ _____A。

10. 当用电器的额定电流比单个电池允许通过的最大电流大时,可采用_____电池组供电,但这时用电器的额定电压必须_____单个电池的电动势。

11. 在下图所示电路中,$R_{ab} =$ _____Ω。

12. 在下图所示电路中,已知 $R_1 = 10$ Ω,$R_2 = R_3 = 5$ Ω,则 $R_{AB} =$ _____Ω。

13. 电路中元件既有_____又有_____的连接方式称为混联。

14. 直流电桥的平衡条件是_____。

15. 在下图所示电路中,已知电源电动势 $E=12$ V,电源内阻不计,电阻 $R_1=R_2$,两端的电压分别为 2 V 和 6 V,极性如图所示。那么电阻 R_3、R_4 和 R_5 两端的电压大小分别为_____、_____和_____。

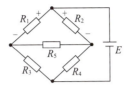

四、计算题

1. 有三个电阻,$R_1=300$ Ω,$R_2=200$ Ω,$R_3=100$ Ω,串联后接到 $U=6$ V 的直流电源上。试求:

（1）电路中的电流;

（2）各电阻上的电压降;

（3）各个电阻所消耗的功率。

2. 在右下图所示电路中,求 U_{AB}。

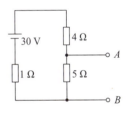

3. 在右下图所示电路中,$E=60$ V,总电流 $I=150$ mA,$R_1=1.2$ kΩ。试求:

（1）通过 R_1、R_2 的电流 I_1、I_2 的值;

（2）电阻 R_2 的大小。

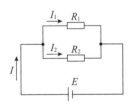

4. 在右下图所示电路中,已知电源电动势 $E=30$ V,内电阻不计,外电路电阻 $R_1=10$ Ω,$R_2=R_3=40$ Ω。求开关 S 打开和闭合时流过 R_1 的电流。

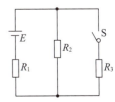

第二节　基尔霍夫定律

 **思维导图**

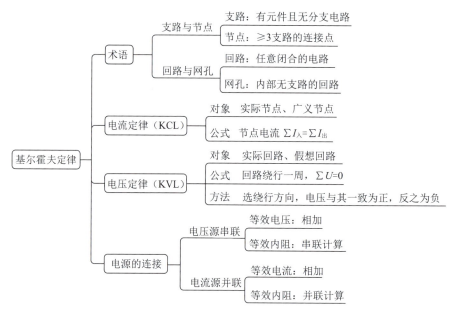

 **学习任务**

1. 了解节点、支路、回路和网孔的定义,并能正确识别;

2. 理解基尔霍夫电流定律(KCL)和基尔霍夫电压定律(KVL)的文字表述和数学公式;

3. 了解直流电源串联和并联时,等效电动势及等效内阻的计算。

知识梳理

一、复杂电路的名词术语

电路可分为简单电路和复杂电路。凡是能利用电阻串并联等效变换及欧姆定律来分析计算的电路,称为简单电路。反之则称为复杂电路。复杂电路中往往包含多个电源和多个电阻,因而不能直接用欧姆定律来计算。求解复杂电路需要学习新的方法。

1. 支路

由一个或几个元件,依次相接构成的无分支电路叫作支路。在同一支路中,流过各元件的电流相等。如图 2-2-1 所示,有三条支路,分别是 E_1 和 R_1 组成的支路($AEFB$)、E_2 和 R_2 组成的支路(AB)、R_3 组成的支路($ACDB$)。含有电源的支路叫有源支路,不含电源的支路叫无源支路。

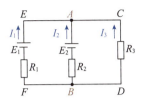

图 2-2-1　复杂电路示例

2. 节点

电路中三条或三条以上支路的连接点称为节点。如图 2-2-1 中的 A、B 两点均为节点。

3. 回路

电路中任一闭合路径都叫回路。图 2-2-1 中 $ABFEA$、$ACDBA$、$CDFEC$ 都是回路。

4. 网孔

内部不含支路的回路称为网孔,即最简单的回路。如图 2-2-1 中的 $ABFEA$、$ACDBA$ 是网孔,而 $CDFEC$ 不是网孔。

二、基尔霍夫定律

1. 基尔霍夫电流定律(KCL)

基尔霍夫电流定律(基尔霍夫第一定律)又称节点电流定律,是指电路中任一节点上,在任一时刻,流入节点的电流之和等于流出该节点的电流之和,数学表达式为

$$\sum I_{入} = \sum I_{出}$$

如果规定流入节点的电流为正,流出节点的电流为负,基尔霍夫电流定律还可以表述为:流入(或流出)任一节点的电流代数和等于零,数学表达式为

$$\sum I = 0$$

对于图 2-2-2 所示电路中的节点 A,有 5 条支路在此节点汇合,其中,电流 I_1、I_3 是流入节点的,电流 I_2、I_4、I_5 是流出节点的,于是可得

$$I_1 + I_3 = I_2 + I_4 + I_5$$

也可写成

$$I_1 + I_3 - I_2 - I_4 - I_5 = 0$$

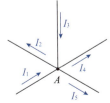

图 2-2-2　节点电流示例

图 2-2-3 所示电路为三个电流源并联，总电流

$$I_1 = I_{S1} + I_{S2} + I_{S3} \qquad I_2 = I_{S1} + I_{S2} - I_{S3}$$

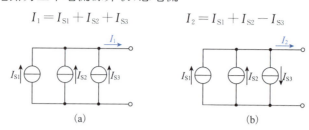

(a)   (b)

图 2-2-3 电流源并联

可见，多个理想电流源并联时，可以等效为一个理想电流源，其电流为各电流源电流的代数和，即

$$I_S = \sum I_{Sn}$$

当并联的电流源为实际电源时［图 2-2-4(a)］，由电流源并联 $I_S = \sum I_{Sn}$、电阻并联 $r = r_1 /\!/ r_2$，可得等效电源，如图 2-2-4(b)所示。

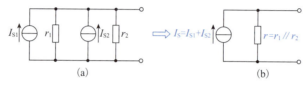

(a)   (b)

图 2-2-4 实际电流源并联

也就是说，当多个实际电流源并联时，可以等效为一个实际电流源，该电流源的等效电流为各电流源电流代数和，等效内阻等于各内阻并联后的阻值，即

$$I_S = \sum I_{Sn} \qquad \frac{1}{r} = \sum \frac{1}{r_n}$$

例 2.2.1 在图 2-2-5 所示电路中，$I_1 = 2$ A，$I_2 = -3$ A，$I_4 = -2$ A，求电流 I_3。

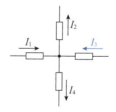

图 2-2-5 例 2.2.1 图

解：由基尔霍夫第一定律可知

$$I_1 + I_3 - I_2 - I_4 = 0$$

代入数据，有

$$2 + I_3 - (-3) - (-2) = 0$$

解得

$$I_3 = -7 \text{ A}$$

基尔霍夫电流定律不仅适用于节点，也可以推广应用于任一假设的封闭面（广义节点），即流入该封闭面的电流之和等于流出该封闭面的电流之和。

对于如图 2-2-6 虚线表示的封闭面,可以列写方程

$$I_1 + I_2 + I_3 = 0$$

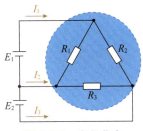

图 2-2-6 广义节点

例 2.2.2 在图 2-2-7 所示三极管电路中,已知 $I_b = 30\ \mu\text{A}$,$I_e = 2.43\ \text{mA}$,求电流 I_c。

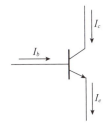

图 2-2-7 例 2.2.2 图

解:由基尔霍夫电流定律,有

$$I_b + I_c - I_e = 0$$

所以

$$I_c = I_e - I_b = 2.43 - 30 \times 10^{-3} = 2.4 (\text{mA})$$

2. 基尔霍夫电压定律(KVL)

基尔霍夫电压定律(基尔霍夫第二定律)又称回路电压定律,其内容为:在任何时刻,沿着电路中的任一回路绕行一周,回路中各段电压的代数和等于零,即

$$\sum U = 0$$

在列写回路的 KVL 方程时,先要选定回路的绕行方向,规定凡支路电压参考方向与回路绕行方向一致时支路电压取正号,相反取负号。

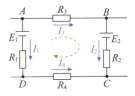

图 2-2-8 回路电压示意图

在如图 2-2-8 所示回路中,沿虚线方向绕行一周,根据电压与电流的参考方向可列出:

$$U_{AB} + U_{BC} + U_{CD} + U_{DA} = 0$$

即

$$I_3 R_3 + E_2 + I_2 R_2 - I_4 R_4 - I_1 R_1 - E_1 = 0$$

移项后得

$$-I_1R_1+I_2R_2+I_3R_3-I_4R_4=E_1-E_2$$

上式表明：在任意一个闭合回路中，各段电阻上电压降的代数和等于各电源电动势的代数和，公式为

$$\sum IR=\sum E$$

这就是基尔霍夫电压定律的另一种形式。

在用式 $\sum IR=\sum E$ 时，电阻上电压的规定与公式 $\sum U=0$ 时相同，而电动势的正负号则恰好相反，也就是当绕行方向与电动势的方向（即由电源负极通过电源内部指向正极）一致时，该电动势取正，反之取负。

在列写方程时，回路绕行方向可以任意选择，但一经选定后就不能中途改变。

例 2.2.3 如图 2-2-9 所示电路，求 U_1 和 U_2。

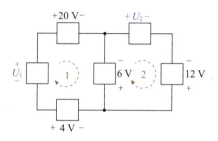

图 2-2-9　例 2.2.3 图

解：假设两个网孔的回路绕行方向为顺时针，如图所示。

由基尔霍夫电压定律可知，回路 1 有

$$20-6-4-U_1=0$$

$$U_1=10\text{ V}$$

回路 2 有

$$U_2-12+6=0$$

$$U_2=6\text{ V}$$

基尔霍夫电压定律不仅适用于闭合回路，也可推广应用于不闭合的假想回路。利用这一推广，可求出电路中任意两点间的电压。

在图 2-2-10 所示电路中，A、B 两点并不闭合，但可设想有一条假想支路连接 AB，其电压为 U_{AB}，构成假想回路 $ABCA$，如图所示。对假想回路，可列出回路电压方程

$$U_{AB}-E_2+I_2R_2-I_1R_1-E_1=0$$

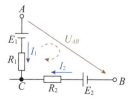

图-2-10　不闭合的假想回路

整理可得

$$U_{AB} = E_1 + I_1 R_1 - I_2 R_2 + E_2$$

图 2-2-11 所示电路为两个电压源串联,假设回路绕行方向为顺时针,则有

$$U_{AB} - U_{S2} - U_{S1} = 0 \qquad U_{CD} + U_{S2} - U_{S1} = 0$$

整理可得

$$U_{AB} = U_{S1} + U_{S2} \qquad U_{CD} = U_{S1} - U_{S2}$$

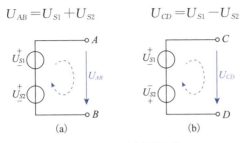

图 2-2-11 电压源串联

可见,当多个理想电压源串联时,可以等效为一个理想电压源,其等效电压为各电源电压代数和,即

$$U = \sum U_n$$

当串联的电源为实际电源时[图 2-2-12(a)],由电源串联 $E = \sum E_n$、电阻串联 $r = \sum r_n$ 可得等效电源[图 2-2-12(c)]。

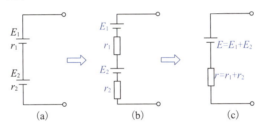

图 2-2-12 实际电压源串联

也就是说,当多个实际电压源串联时,可以等效为一个实际电压源。该电源的等效电动势(或电压)为各电源电动势(或电压)代数和,等效内阻等于各内阻之和,即

$$E = \sum E_n \qquad r = \sum r_n$$

当实际电压源电路和实际电流源电路端口电压和电流完全相同时,对外电路而言,二者即互为等效电路,如图 2-2-13 所示。

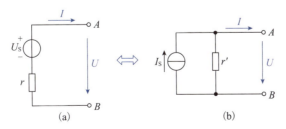

图 2-2-13 互为等效的两种实际电源模型

由 KVL 可得两个回路电压方程

$$\begin{cases} U = U_s - Ir \\ U = r'(I_s - I) = r'I_s - r'I \end{cases}$$

对比两式,可得

$$\begin{cases} r' = r \\ U_s = r'I_s = rI_s \end{cases}$$

因此,实际电压源等效为电流源时,内阻不变,$I_s = U_s/r$;而实际电流源等效为电压源时,内阻不变,$U_s = I_s \cdot r$。

注意:对于没有内阻的理想电流源,并联可以扩大输出电流,串联没有实际用途,且只有电流都一样的理想电流源才可以串联。对于理想电压源而言,串联可以扩大输出电压,并联没有实际用途,且只有电压一样的理想电压源才可以并联。

对于实际电压源的并联,可以通过等效变换为实际电流源后再化简;而实际电流源的串联,同样可以通过等效变换为实际电压源后再化简。

 强化训练

一、单项选择题

1. 在下图所示电路中,节点、支路、回路、网孔的数量分别是(　　)。

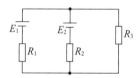

  A. 2、3、2、3   B. 2、3、3、2   C. 3、2、3、2   D. 3、2、2、3

2. 基尔霍夫第一定律可用(　　)表示。

  A. KCL   B. KVL   C. KAL   D. KUL

3. 基尔霍夫第二定律可用(　　)表示。

  A. KCL   B. KVL

  C. KAL   D. KUL

4. 基尔霍夫第一定律是描述电路中关于(　　)的规律。

  A. 电流   B. 电压   C. 电阻   D. 电能

5. 基尔霍夫第二定律是描述电路中关于(　　)的规律。

  A. 电流   B. 电压   C. 电阻   D. 电能

6. 以下不是基尔霍夫电压定律数学表达式的是(　　)。

  A. $\sum U = 0$ B. $\sum E = \sum(IR)$

  C. $\sum(IR) = 0$ D. $\sum(E - IR) = 0$

7. 节点 A 处连接三条支路,其电流分别为 I_1、I_2、I_3,参考方向均指向 A,$I_1 = 10$ A,$I_2 = 5$ A,则 I_3 为(　　)。

  A. -5 A   B. -10 A   C. -15 A   D. 15 A

8. 在电路中,任一时刻流向某节点的电流之和应( )由该节点流出的电流之和。

A. 大于 B. 小于 C. 等于 D. 不能确定

9. (2019年学考真题)某电路节点及支路电流如下图所示,则 I 为( )。

A. $-5\ A$ B. $2\ A$ C. $3\ A$ D. $5\ A$

10. 在下图所示电路中,I 为( )。

A. $2\ A$ B. $3\ A$ C. $5\ A$ D. $1\ A$

11. 基尔霍夫第一定律表明( )。

A. 流过任何处的电流为零 B. 流过任一节点的电流为零

C. 流过任一节点的电流的代数和为零 D. 流过任一回路的电流为零

12. 一个 15 V/2 Ω 的电压源和一个 20 V/2 Ω 的电压源串联,最大可获得输出电压( )。

A. 5 V B. 15 V C. 20 V D. 35 V

13. 一个 5 A/2 kΩ 的电流源和一个 2 A/2 kΩ 的电流源并联,最大可获得输出电流( )。

A. $2\ A$ B. $3\ A$ C. $5\ A$ D. $7\ A$

二、判断题

1. 电路中任意的封闭路径都是回路。 ( )

2. 电路中任一网孔都是回路。 ( )

3. 电路中任一回路都可以称为网孔。 ( )

4. 网孔是最简单的不能再分割的回路,网孔一定是回路,但回路不一定是网孔。 ( )

5. 每一条支路中的元件只能有一只电阻或一个电源。 ( )

6. 节点之间必然要有元件。 ( )

7. 任一时刻,电路中任意一个节点上,流入节点的电流之和,一定等于流出该节点的电流之和。 ( )

8. 基尔霍夫电流定律是指沿任意回路绕行一周,各段电压的代数和一定等于零。 ( )

9. 根据基尔霍夫电流定律推理,流入(或流出)电路中任一封闭面电流的代数和恒等于零。 ( )

10. 根据基尔霍夫电压定律可知,在任一闭合回路中,各段电路电压降的代数和恒等于零。 （　　）

11. 基尔霍夫定律不仅适用于线性电路,而且对非线性电路也适用。 （　　）

12. 多个理想电压源可以串联使用,以提高输出电压。 （　　）

13. 理想电流源可以并联使用,实际电流源则不行。 （　　）

14. 两个实际电压源串联后给电路供电,其等效电动势增大,内阻则减小。 （　　）

15. 两个实际电流源并联后给电路供电,其输出电流和等效内阻都变大。 （　　）

三、填空题

1. 基尔霍夫第一定律指出,流过任一节点的＿＿＿＿＿＿＿＿＿为零。

2. 基尔霍夫第二定律指出,在任一＿＿＿＿＿中,各段电路的电压降的代数和为零。

3. 基尔霍夫电流定律是指流入节点的＿＿＿＿之和等于从节点流出的＿＿＿＿之和。

4. (2021年学考真题)在下图所示电路中,$I=$＿＿＿＿A。

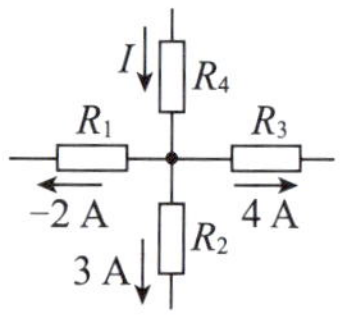

5. 在下图所示电路中,$U=$＿＿＿＿V。

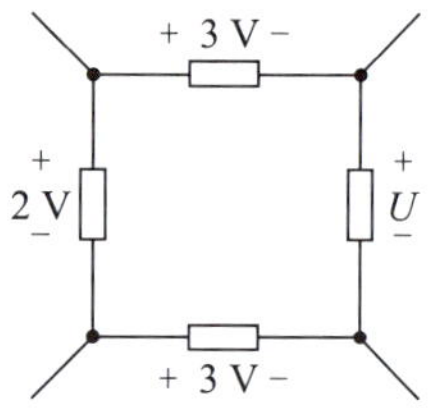

6. 在下图所示电路中,电压$U=$＿＿＿＿。

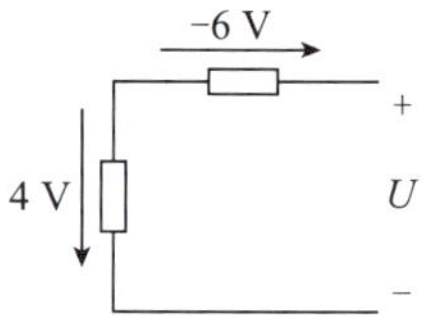

7. 两个"10 V/1 Ω"的实际电压源,串联后的等效电源等效电动势为＿＿＿＿,等效内阻为＿＿＿＿。

8. 两个"5 A/1 kΩ"的实际电流源,并联后的等效电源等效电流为＿＿＿＿,等效内阻为＿＿＿＿。

9. "10 V/1 Ω"和"30 V/2 Ω"的实际电压源,串联后的等效电源等效电压为＿＿＿＿,等效内阻为＿＿＿＿。

10. "5 A/300 Ω"和"7 A/600 Ω"的实际电流源,并联后的等效电源等效电流为＿＿＿＿,等效内阻为＿＿＿＿。

四、计算题

1. 在右下图所示电路中，求 I_1、I_2 的大小。

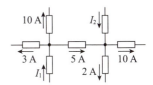

2. 在右下图所示电路中，求 E。

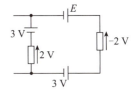

第三节　支路电流法

 **思维导图**

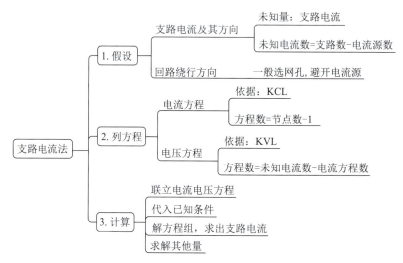

 **学习任务**

1. 熟练应用基尔霍夫电流定律和电压定律列写电路方程；
2. 掌握应用支路电流法求解2个网孔电路的方法。

 **知识梳理**

　　支路电流法就是以各支路电流为未知量，应用基尔霍夫定律列出节点电流方程和回路电压方程，联立求解各支路电流的方法。

　　支路电流法具有所列方程直观的优点，是复杂电路的最基本的一种分析方法，适用于支路数较少的电路。

　　应用支路电流法求解各支路电流的解题步骤如下：

　　① 假定各支路电流的参考方向和回路的绕行方向；

　　② 应用基尔霍夫定律列出独立的节点电流方程和回路电压方程；

　　③ 代入已知数，联立方程组，求出各支路电流。

　　如果电路有 m 条支路，n 个节点，可列出 $(n-1)$ 个独立的节点电流方程和 $(m-n+1)$ 个独立的回路电压方程。

　　例 2.3.1　在图 2-3-1 所示电路中，$E_1 = 20$ V，$E_2 = 10$ V，$R_1 = R_2 = 2$ Ω，$R_3 = 4$ Ω，求各

支路电流。

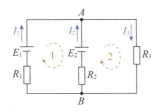

图 2-3-1 例 2.3.1 图

解:(1)假设各支路电流分别为 I_1、I_2、I_3,其方向及回路绕行方向如图中所示。

(2)应用基尔霍夫电流定律对节点 A 列节点电流方程,有

$$I_1 + I_2 - I_3 = 0$$

(3)应用基尔霍夫电压定律列出回路电压方程:

对于回路 1,有

$$R_1 I_1 - E_1 + E_2 - R_2 I_2 = 0$$

对于回路 2,有

$$R_2 I_2 - E_2 + R_3 I_3 = 0$$

联立以上三个方程,有

$$\begin{cases} I_1 + I_2 - I_3 = 0 \\ R_1 I_1 - E_1 + E_2 - R_2 I_2 = 0 \\ R_2 I_2 - E_2 + R_3 I_3 = 0 \end{cases}$$

代入已知数据,得

$$\begin{cases} I_1 + I_2 - I_3 = 0 \\ 2I_1 - 20 + 10 - 2I_2 = 0 \\ 2I_2 - 10 + 4I_3 = 0 \end{cases}$$

解方程组,得

$$\begin{cases} I_1 = 4 \text{ A} \\ I_2 = -1 \text{ A} \\ I_3 = 3 \text{ A} \end{cases}$$

例 2.3.2 在图 2-3-2 所示电路中,$U_{S1} = 100$ V,$U_{S2} = 30$ V,$R_1 = 10$ Ω,$R_2 = 20$ Ω,$R_3 = 50$ Ω,求各支路电流 I_1、I_2、I_3。

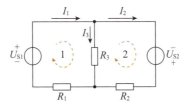

图 2-3-2 例 2.3.2 图

解:(1)假设回路绕行方向如图所示。

根据基尔霍夫定律,有

$$\begin{cases} I_1 = I_2 + I_3 \\ I_3R_3 + I_1R_1 - U_{S1} = 0 \\ I_2R_2 - I_3R_3 - U_{S2} = 0 \end{cases}$$

代入已知条件,得

$$\begin{cases} I_1 = I_2 + I_3 \\ 50I_3 + 10I_1 - 100 = 0 \\ 20I_2 - 50I_3 - 30 = 0 \end{cases}$$

解得

$$\begin{cases} I_1 = 5 \text{ A} \\ I_2 = 4 \text{ A} \\ I_3 = 1 \text{ A} \end{cases}$$

例 2.3.3 在图 2-3-3 所示电路中,求电流 I。

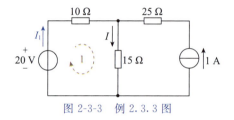

图 2-3-3 例 2.3.3 图

解:(1)假设支路电流 I_1 方向及回路绕行方向如下图所示。

(2)应用基尔霍夫定律列写方程,有

$$\begin{cases} I_1 + 1 = I \\ 10I_1 + 15I - 20 = 0 \end{cases}$$

解得

$$I = 1.2 \text{ A}$$

强化训练

一、单项选择题

1. 在应用基尔霍夫电流定律列写方程时,电路有 n 个节点,可以列写( )个独立电流方程。

A. n B. $n+1$ C. $n-1$ D. $n+2$

2. 在下图所示电路中,图中所标参数为已知条件,现用支路电流法求解各支路电流时,应假设的未知电流数为( )个。

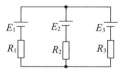

A. 1   B. 2   C. 3   D. 4

3. 在第 2 题所示电路中，图中所标参数为已知条件，现用支路电流法求解各支路电流时，可以列写（　　）独立电流方程。

A. 1　　　　　　　　B. 2　　　　　　　　C. 3　　　　　　　　D. 4

4. 在第 2 题所示电路中，图中所标参数为已知条件，现用支路电流法求解各支路电流时，需要补充（　　）个电压方程。

A. 1　　　　　　　　B. 2　　　　　　　　C. 3　　　　　　　　D. 4

5. 在下图所示电路中，图中所标参数为已知条件，现用支路电流法求解各支路电流时，应假设的未知电流数为（　　）个。

A. 1　　　　　　　　B. 2　　　　　　　　C. 3　　　　　　　　D. 4

6. 在第 5 题所示电路中，图中所标参数为已知条件，现用支路电流法求解各支路电流时，可以列写（　　）独立电流方程。

A. 1　　　　　　　　B. 2　　　　　　　　C. 3　　　　　　　　D. 4

7. 在第 5 题所示电路中，图中所标参数为已知条件，现用支路电流法求解各支路电流时，需要补充（　　）电压方程。

A. 1　　　　　　　　B. 2　　　　　　　　C. 3　　　　　　　　D. 4

8. 在第 5 题所示电路中，图中所标参数为已知条件，现用支路电流法求解各支路电流时，列写电压方程时回路选择（　　）。

A. 回路 1　　　　　　　　　　　　　　B. 回路 2

C. 回路 3　　　　　　　　　　　　　　D. 回路 1 和 2

二、判断题

1. 没有构成闭合回路的单支路电流为零。　　　　　　　　　　　　　　　　（　　）

2. 应用基尔霍夫定律列写方程式时，可以不参照参考方向。　　　　　　　　（　　）

3. 利用基尔霍夫第一定律列写节点电流方程时，必须已知支路电流的实际方向。

（　　）

4. 用支路电流法求解电路时，若电路有 n 条支路，则需要列出 $n-1$ 个方程式来联立求解。　　　　　　　　　　　　　　　　　　　　　　　　　　　　　　　　　（　　）

5. 用支路电流法求解电路时，若电路有 3 条支路，则最多可以列出 2 个电流方程。

（　　）

6. 用支路电流法求解电路时，支路电流可以任意假定方向。　　　　　　　　（　　）

7. 用支路电流法求解电路时，若电路有 2 个节点，选择不同节点，列写的电流方程不一样。　　　　　　　　　　　　　　　　　　　　　　　　　　　　　　　　　　　（　　）

8. 基尔霍夫电压定律公式中的正负号，只与回路的绕行方向有关，而与电流、电压和电动势的参考方向无关。　　　　　　　　　　　　　　　　　　　　　　　　　　　（　　）

9. 用支路电流法求解电路时,回路绕行方向可以任意假定。 （　　）

10. 用支路电流法求解电路时,回路绕行方向假定不同,列写出的方程不一样。 （　　）

11. 用支路电流法求解电路时,列电压方程时,回路一般选取元件数较少的回路。 （　　）

12. 在只有电压源的 2 个网孔的电路中,列电压方程时,回路可以随便选定。 （　　）

13. 在含有电流源的 2 个网孔的电路中,列电压方程时,回路可以随便选定。 （　　）

三、计算题

1. 在右下图所示电路中,已知 $E_1 = 8$ V,$E_2 = 6$ V,$R_1 = R_2 = R_3 = 2$ Ω,用支路电流法求:

(1) 电流 I_3;

(2) 电压 U_{AB};

(3) R_3 上消耗的功率。

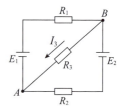

2. 在右下图所示电路中,已知 $E_1 = E_3 = 5$ V,$E_2 = 40$ V,$R_1 = R_2 = 5$ Ω,$R_3 = 15$ Ω,求 A、B 两点间的电压 U_{AB}。

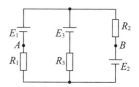

3. 在右下图所示电路中,$U_{S1} = 42$ V,$U_{S2} = 21$ V,$R_1 = 12$ Ω,$R_2 = 3$ Ω,$R_3 = 6$ Ω,求各支路电流 I_1、I_2、I_3。

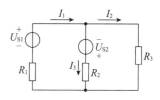

4. 在右下图所示电路中,求 U。

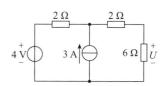

单元练习

一、单项选择题

1. 在下图所示电路中，R 的阻值为（　　　）。

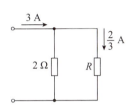

　A. 2 Ω　　　　　　　　B. 3 Ω　　　　　　　　C. 5 Ω　　　　　　　　D. 7 Ω

2. 标明"100 Ω/4 W"和"100 Ω/25 W"的两个电阻串联时，允许加的最大电压是（　　　）。

　A. 40 V　　　　　　　B. 100 V　　　　　　　C. 140 V　　　　　　　D. 70 V

3. 标明"100 Ω/4 W"和"100 Ω/25 W"的两个电阻串联时，允许通过的最大电流是（　　　）。

　A. 0. 2 A　　　　　　B. 0. 3 A　　　　　　　C. 0. 5 A　　　　　　　D. 0. 7 A

4. 标明"100 Ω/4 W"和"100 Ω/25 W"的两个电阻并联时，允许加的最大电压是（　　　）。

　A. 20 V　　　　　　　B. 30 V　　　　　　　C. 50 V　　　　　　　D. 70 V

5. 已知 $R_1 > R_2 > R_3$，若将此三只电阻并联接在电压为 U 的电源上，获得最大功率的是
（　　　）。

　A. R_1　　　　　　　　　　　　　　　　　B. R_2

　C. R_3　　　　　　　　　　　　　　　　　D. 一样大

6. 在下图所示电路中，已知 $R_1 = R_2 = R_3 = 12$ Ω，则 A、B 两点间的总电阻应为（　　　）Ω。

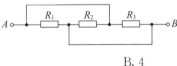

　A. 18　　　　　　　　　　　　　　　　　　B. 4

　C. 0　　　　　　　　　　　　　　　　　　　D. 36

7. 在下图所示电路中，当开关 S 合上和断开时，左边两灯的亮度变化是（　　　）。

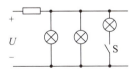

　A. 没有变化

　B. S 合上时各灯亮些，S 断开时各灯暗些

　C. S 合上时各灯暗些，S 断开时各灯亮些

　D. 无法确定

8. 在下图所示电路中,三只白炽灯 A、B、C 完全相同。当开关 S 闭合时,A、B 灯的亮度变化是(　　)。

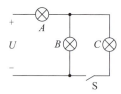

A. A 变亮,B 变暗

B. A 变暗,B 变亮

C. 都变暗

D. 都变亮

9. 将内阻为 $R_g=1\ k\Omega$,最大电流 $I_g=100\ \mu A$ 的表头改为 1 mA 的电流表,需并联(　　)电阻。

A. $100/9\ \Omega$

B. $90\ \Omega$

C. $99\ \Omega$

D. $1000/9\ \Omega$

10. 一只电流表满偏电流为 1 A,内阻为 $10\ \Omega$,现给它并联一只 $5\ \Omega$ 的电阻,则该电流表量程可扩大为(　　)。

A. 1.5 A

B. 2 A

C. 2.5 A

D. 3 A

11. 一只电压表量程为 50 V,内阻为 $1\ k\Omega$,现给它串联一只电阻后要将量程扩大为 200 V,则串联电阻阻值应为(　　)。

A. $1\ k\Omega$

B. $2\ k\Omega$

C. $3\ k\Omega$

D. $4\ k\Omega$

12. 在下图所示电路中,R_{AB} 的阻值为(　　)。

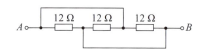

A. $3\ \Omega$

B. $4\ \Omega$

C. $6\ \Omega$

D. $12\ \Omega$

13. 在下图所示电路中,节点有(　　)个。

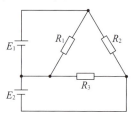

A. 3

B. 4

C. 5

D. 6

14. 在第 13 题所示电路中,支路有(　　)条。

A. 3

B. 4

C. 5

D. 6

15. 在第 13 题所示电路中,网孔有(　　)个。

A. 3

B. 4

C. 5

D. 6

16. 在用基尔霍夫第一定律列节点电流方程式时,若解出的电流为负,则表示(　　)。

A. 实际方向与假定的电流正方向无关

B. 实际方向与假定的电流正方向相同

C. 实际方向与假定的电流正方向相反

D. 实际方向就是假定电流的方向

17. 基尔霍夫第一定律表明(　　)。

A. 流过任何处的电流为零

B. 流过任一节点的电流为零

C. 流过任一节点的电流的代数和为零

D. 流过任一回路的电流为零

18. 在下图所示电路中,其节点数、支路数、回路数及网孔数分别为(　　)。

A. 2、5、3、3
B. 3、6、4、6
C. 2、4、6、3
D. 3、5、4、3

19. 在下图所示电路中,将内阻为 $R_g = 1 \text{ k}\Omega$,最大电流 $I_g = 100 \ \mu\text{A}$ 的表头改为 1 mA 电流表,则 R_1 为(　　)Ω。

A. 100/9
B. 90
C. 99
D. 1000/9

二、判断题

1. 在电阻分压电路中,电阻值越大,其两端的电压就越高。　　　　　　　　　(　　)

2. 在电阻分流电路中,电阻值越大,流过它的电流也就越大。　　　　　　　　(　　)

3. 为了扩大电压表的量程,应该在电压表上串联一个较大电阻。　　　　　　　(　　)

4. 为了扩大电压表的量程,应该在电压表上并联一个较大电阻。　　　　　　　(　　)

5. 节点之间必然要有元件。　　　　　　　　　　　　　　　　　　　　　　(　　)

6. 每条支路只能有一个元件。　　　　　　　　　　　　　　　　　　　　　(　　)

7. 电阻串联电路中,各电阻消耗的功率与其阻值成正比。　　　　　　　　　　(　　)

8. 基尔霍夫电压定律简称 KVL。　　　　　　　　　　　　　　　　　　　　(　　)

9.(2022年学考真题)电路中并联的两个电阻,阻值大的电阻两端电压较大。　　(　　)

10.(2022年学考真题)利用电阻串联电路的特性,可以制成分压器。　　　　　(　　)

11. 基尔霍夫电压定律公式中的正负号,不止与回路的绕行方向有关,还与电流、电压和电动势的参考方向有关。　　　　　　　　　　　　　　　　　　　　　　(　　)

12. 电桥平衡的条件是相对臂电阻之和相等。　　　　　　　　　　　　　　　(　　)

13. 理想电压源可以串联使用,理想电流源可以并联使用。　　　　　　　　　(　　)

14. 多个实际电压源串联时,等效电源的电压等于各电压之和,等效内阻等于各内阻并联。　　　　　　　　　　　　　　　　　　　　　　　　　　　　　　　(　　)

三、填空题

1. 电路中的节点是指至少有_____条及以上有电气元件的导线的连接点。

2. 电路中任意一个闭合的路径都称为_____。

3. R_1、R_2 两个电阻串联后接到电压为 U 的电源上,则 R_1 电阻两端的电压 $U_1=$_____,流过的电流 $I_1=$_____;R_2 电阻两端的电压 $U_2=$_____,流过的电流 $I_2=$_____。

4. R_1、R_2 两个电阻并联后接到电压为 U 的电源上,则 R_1 电阻两端的电压 $U_1=$_____,流过的电流 $I_1=$_____;R_2 电阻两端的电压 $U_2=$_____,流过的电流 $I_2=$_____。

5. 在下图所示电路中,等效电阻 R_{AB} 为_____。

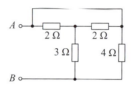

6. 在下图所示电路中,$R_1=2R_2$,$R_2=2R_3$,R_2 两端的电压为 10 V,则电源电动势 $E=$_____(设电源内阻为零)。

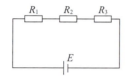

7. 电阻负载串联时,因为_____相等,所以负载消耗的功率与电阻成_____比。而电阻负载并联时,因为_____相等,所以负载消耗的功率与电阻成_____比。

8. 在下图所示的电路中,流过 R_2 的电流为 3 A,流过 R_3 的电流为_____A,这时 E 为_____V。

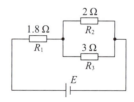

9. 电阻 $R_1=6\ \Omega$,$R_2=9\ \Omega$,两者串联起来接在电压恒定的电源上,通过 R_1、R_2 的电流之比为_____,消耗的功率之比为_____。若将 R_1、R_2 并联起来接到同样的电源上,通过 R_1、R_2 的电流之比为_____,消耗的功率之比为_____。

10. 在下图 2-4-13 所示电路中,当开关 S 打开时,c、d 两点间的电压为_____V;当 S 合上时,c、d 两点间的电压又为_____V,50 Ω 电阻的功率为_____W。

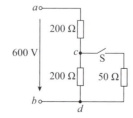

11. 给内阻为 $9\ k\Omega$、量程为 $1\ V$ 的电压表串联电阻后,量程扩大为 $10\ V$,则串联的电阻阻值为_____$k\Omega$。

四、计算题

1. 在右下图所示电路中,已知电源电动势 $E=44\ V$,内阻不计,外电路电阻 $R_1=10\ \Omega$,$R_2=20\ \Omega$,$R_3=30\ \Omega$。求开关 S 打开和闭合时流过 R_2 的电流。

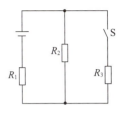

2. 设计一个分流电路,要求把 $5\ mA$ 的电流表量程扩大 5 倍,已知电流表内阻为 $1\ k\Omega$,求分流电阻阻值。

3. 求右下图所示电桥电路中 R_5 上的电流和电源输出的总电流。

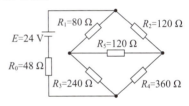

4. 在右下图所示电路中,电流表读数为 $0.2\ A$,$E_1=12\ V$,内阻不计,$R_1=R_3=10\ \Omega$,$R_2=R_4=5\ \Omega$,用基尔霍夫电压定律求 E_2 的大小。

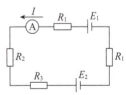

5. 在右下图所示电路中,已知 $E_1=10\ V$,$E_2=6\ V$,$R_1=8\ \Omega$,$R_2=6\ \Omega$,求 R_1、R_2 上流过的电流。

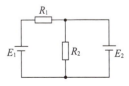

6. 在右下图所示电路中，已知 $U_{S1}=10$ V，$U_{S2}=6$ V，$R_1=10$ Ω，$R_2=8$ Ω，求 R_1、R_2 上流过的电流。

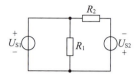

7. 在右下图所示电路中，已知 $E_1=130$ V，$E_2=117$ V，$R_1=1$ Ω，$R_2=0.6$ Ω，$R_3=24$ Ω，用支路电流法计算各支路电流。

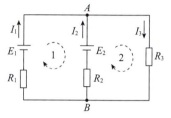

8. 在右下图所示电路中，已知 $U_{S1}=30$ V，$U_{S2}=25$ V，$I_S=5$ A，$R_1=5$ Ω，$R_2=R_3=10$ Ω，试求电流 I_1、I_2。

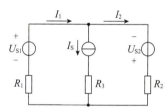

9. 在右下图所示电路中，求 U_{AB}。

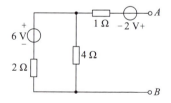

10. 在右下图所示电路中，已知 $E_1=40$ V，$E_2=25$ V，$E_3=5$ V，$R_1=5$ Ω，$R_2=R_3=10$ Ω，试求电流 I_1、I_2、I_3。

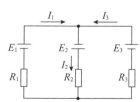

第三章 电容、电感及变压器

第一节　磁场与电磁感应

思维导图

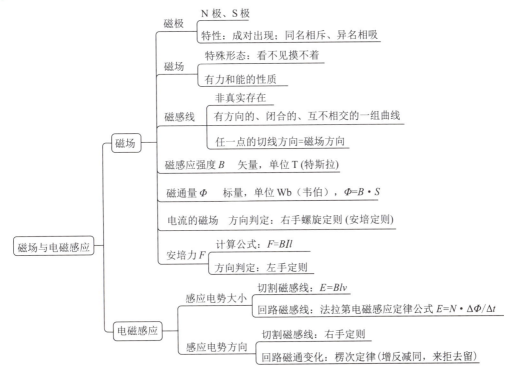

学习任务

1. 理解磁场、磁感线、磁极的概念及特性；
2. 了解磁通、磁感应强度的概念；
3. 了解电磁感应现象，理解电磁感应定律的内容，理解楞次定律的内容及应用；
4. 了解电流磁场、安培力的大小及方向；掌握左手定则判断载流直导体在磁场中所受电磁力的方向。

知识梳理

一、磁场

1. 磁极与磁场

磁体两端磁性最强的地方叫磁极。磁极分为北(N)极和南(S)极。

N极和S极总是成对出现。假如将一根条形磁铁从中间断开，则会形成两根各具有N极和S极的磁铁。

当两个磁极互相靠近时，它们之间存在相互作用：同名磁极相互排斥，异名磁极相互吸引。磁体间的这种相互作用是通过磁场来传递的。

磁场是磁体周围存在的一种看不见、摸不着的特殊形态的物质，具有力和能的性质。

磁场和电场一样，也有方向性。将可以自由转动的小磁针放在磁场中任一位置，小磁针静止时N极的指向就是该点磁场的方向。

2. 磁感线

像电场一样，磁场可以用假想的曲线——磁感线来形象地描绘。

在磁场中画出一系列带箭头的曲线，使曲线上每一点的切线方向都和该点的磁场方向相同(图3-1-1)，这些曲线就称为磁感线。

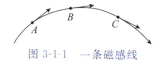

图 3-1-1 一条磁感线

图 3-1-2 所示是条形磁铁和马蹄形磁铁的磁感线分布情况。

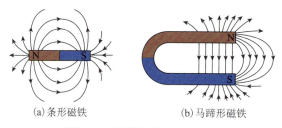

(a)条形磁铁　　　　　　　　(b)马蹄形磁铁

图 3-1-2 磁铁周围磁感线分布

磁感线具有以下特点：

① 磁感线不是真实存在的；

② 磁感线是一组有方向的、互不相交的闭合曲线,磁体外部磁感线从 N 极指向 S 极,磁体内部磁感线从 S 极指向 N 极；

③ 磁感线上任意一点的切线方向就是磁场的方向；

④ 磁感线的疏密程度与磁场的强弱有关,磁感线密表示磁场强,磁感线疏表示磁场弱。

3. 磁感应强度

磁场的强弱用磁感应强度表示,符号为 B,单位为特斯拉(T),简称特。磁感应强度是矢量。它的方向就是该点的磁场方向。

在磁场的某一区域内,若各点的磁感应强度的大小和方向都相同,则称这个区域内的磁场为匀强磁场。匀强磁场的磁感线是疏密均匀、方向一致的平行线。图 3-1-3 中虚线框内的磁场即可认为是匀强磁场。

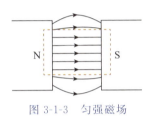

图 3-1-3　匀强磁场

4. 磁通量

设在磁感应强度为 B 的匀强磁场中,有一个与磁场方向垂直的平面,面积为 S(图 3-1-4)。我们把 B 与 S 的乘积称为穿过该平面的磁通量,磁通量简称磁通,用符号 Φ 表示。

显然

$$\Phi = BS$$

磁通量是标量,单位为韦伯(Wb),简称韦。

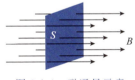

图 3-1-4　磁通量示意

由 $\Phi = BS$ 可得 $B = \dfrac{\Phi}{S}$,即磁感应强度 B 等于穿过单位面积的磁通,所以磁感应强度也称为磁通密度。

5. 电流的磁场

磁铁并不是磁场的唯一来源。实验表明,通电导线周围也存在磁场。电流产生磁场的现象称为电流的磁效应。该现象最早由奥斯特发现。

电流的磁场的方向可以用右手螺旋定则(安培定则)来判断。如图 3-1-5 所示,右手握住导线,大拇指所指方向为电流方向,则弯曲的四指所指的方向就是磁感应强度的方向。

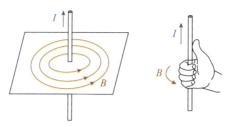

图 3-1-5　通电直导线的磁场

若电流方向不是直线,应用安培定则判断磁场方向时,四指方向为电流方向,大拇指方向为磁感应强度方向。图 3-1-6(a)所示是通电螺线管的磁场方向,图 3-1-6(b)则是环形电流内的磁场方向。

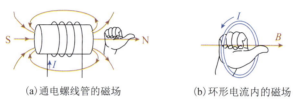

(a)通电螺线管的磁场　　　　　　　　(b)环形电流内的磁场

图 3-1-6　安培定则应用

6. 安培力

实验表明,磁场对处于其中的通电导线有力的作用,这个作用力称为安培力,符号 F,单位为牛(N)。

在匀强磁场中,当通电导线垂直于磁场时,通电导线所受安培力 F 的大小与磁感应强度 B、电流 I 及导线长度 l 成正比,这就是安培定律,公式为

$$F = BIl$$

安培力的方向用左手定则来判断。如图 3-1-7 所示,伸开左手,使大拇指与其余四指垂直,且都跟手掌在同一个平面内,让磁感线 B 垂直穿入掌心,使四指指向电流 I 的方向,则大拇指所指的方向就是通电导线在磁场中所受安培力 F 的方向。

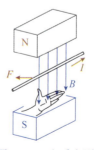

图 3-1-7　左手定则

例 3.1.1　分析通电平行直导线间的相互作用情况。

如图 3-1-8 所示,两根平行直导线通入同向电流,左侧导线 I_1 电流产生的磁场方向为左进右出,此时右侧电流为 I_2 的导线处在方向向外的磁场中,根据左手定则,右侧导线受到向左的力 F_2 的作用;同理可分析出左侧导线受到向右的力的作用。故同向电流相吸。

通入异向电流时,分析可得,异向电流相斥。

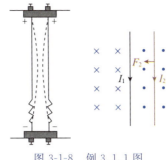

图 3-1-8　例 3.1.1 图

二、电磁感应

1. 电磁感应现象

电和磁是可以互相转化的。英国物理学家法拉第在做了近十年的实验后,于 1831 年 8 月发现了电磁感应现象,即利用磁场产生电流的现象。

电磁感应产生的电流称为感应电流,产生感应电流的电动势称为感应电动势。

法拉第随后又做了大量实验,将产生感应电流的情况归纳成 5 类:变化的电流、变化的磁场、运动的恒定电流、运动的磁场、在磁场中运动的导体。

人们在此基础上归纳得出:当穿过闭合导体回路的磁通量发生变化时,回路中就会产生感应电流。

若回路处于断开状态,但穿过该回路的磁通发生变化,此时回路中将产生感应电动势,但不会形成感应电流。

2. 右手定则

当电磁感应现象是由导体在磁场中做切割磁感线运动时产生的,此种感应电流(或感应电动势)可用右手定则来判断方向。如图 3-1-9 所示,伸开右手,使大拇指与其余四指垂直,且都跟手掌在同一个平面内,让磁感线 B 垂直穿入手心,大拇指指向导体运动的方向 v,四指的指向就是感应电流 I(或感应电动势)的方向。感应电动势的大小 $E=Blv$。

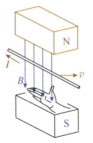

图 3-1-9　右手定则

3. 法拉第电磁感应定律

在电磁感应现象中,导体回路内感应电动势的大小,与穿过这一回路的磁通的变化率成正比。这就是法拉第电磁感应定律。

若用 $\Delta\Phi$ 表示磁通变化量,Δt 表示发生磁通变化所用的时间,线圈匝数为 N,感应电动势大小为 E,则法拉第电磁感应定律公式为

$$E = N\frac{\Delta\Phi}{\Delta t}$$

4. 楞次定律

法拉第电磁感应定律,只解决了感应电动势的大小取决于磁通变化率,但无法说明感应电动势的方向与磁通量变化之间的关系。

俄国物理学家楞次在大量实验的基础上,总结出一条判断感应电流方向的规律:感应电流具有这样的方向,即感应电流的磁场总要阻碍引起感应电流的磁通量的变化。这就是楞次定律。

楞次定律的表述可归结为:感应电流的效果总是阻碍引起它的原因。如果感应电流是由穿过回路的磁通量变化引起的,那么楞次定律可具体表述为:感应电流在回路中产生的磁通总是阻碍(或反抗)原磁通的变化。简单说,就是"增反减同,来拒去留"。

应用楞次定律来确定感应电动势 E 的实际方向,可归纳为以下步骤:

① 先判断导体回路或线圈中原磁通 Φ 的方向;

② 确定磁通 Φ 的变化情况,是增大还是减小;

③ 根据楞次定律"增反减同"原则,确定感应电流产生的磁通 Φ' 的方向;

④ 根据右手螺旋定则,由磁通 Φ' 的方向倒推感应电流的方向,即感应电动势的方向。

当导体回路断开时,只有感应电动势产生,没有电流通过,第 3 步骤中的感应电流为假想回路闭合后形成的电流。

例 3.1.2 如图 3-1-10 所示,当条形磁铁 N 极朝下快速插入线圈时,检流计 G 如何偏转?

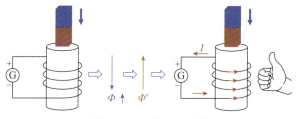

图 3-1-10 例 3.1.2 图

分析如下:条形磁铁 N 极朝下插入线圈→线圈中原磁通 Φ 方向向下,且增大→根据楞次定律"增反减同",线圈中感应电流的磁通 Φ' 方向向上→右手螺旋定则,画出线圈上感应电流方向→感应电流流过检流计,检流计正偏。

例 3.1.3 如图 3-1-11 所示,铝环吊在空中,当条形磁铁 N 极向右移动时,铝环有何反应?

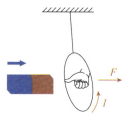

图 3-1-11 例 3.1.3 图

分析如下：条形磁铁 N 极向右移动→根据楞次定律"来拒去留"，铝环将向右偏移，铝环内电流方向如图所示。

例 3.1.4　如图 3-1-12 所示，当开关闭合的瞬间，判断线圈 L_2 中的感应电流方向。

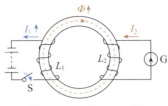

图 3-1-12　例 3.1.4 图

分析如下：开关闭合的瞬间，线圈 L_1 的电流 I_1 增大→圆环铁芯中的磁通 Φ 增大→根据楞次定律"增反减同"，Φ' 为逆时针方向→右手螺旋定则，线圈 L_2 中的感应电流 I_2 方向如图 3-1-12 所示。

由例 3.1.4 可见，套在同一个铁芯上的两个线圈，当其中一个线圈通入变化的电流，另一个线圈上就有感应电动势产生，这种现象称为互感。变压器就是利用互感来工作的。

强化训练

一、选择题

1.（2019 年学考真题）下列关于磁场的叙述，不正确的是（　　）。

A. 磁场只能由磁体产生

B. 磁场和电场一样，具有力和能的性质

C. 磁场和电场一样，是一种看不见摸不着的特殊物质

D. 小磁针 N 极所指的方向就是磁场在该点位置的磁场方向

2.（2019 年学考真题）磁感应强度 B 的单位是（　　）。

A. 亨利（H）　　　　　　　　　　B. 韦伯（Wb）

C. 特斯拉（T）　　　　　　　　　D. 安/米（A/m）

3. 在条形磁铁中，磁感应强度最强的位置是（　　）。

A. 磁铁两极　　　　　　　　　　B. 磁铁中心点

C. 整个磁铁　　　　　　　　　　D. 闭合磁感线的中心线

4. 将一个条形磁铁截成 3 段后，一共有（　　）个磁极。

A. 2　　　　　　B. 3　　　　　　C. 4　　　　　　D. 6

5. 在下列符号中，磁通量的单位是（　　）。

A. A　　　　　　B. B　　　　　　C. Wb　　　　　　D. T

6. 描述磁场强弱和方向的物理量是（　　）。

A. 磁感应强度　　　　　　　　　　B. 磁场强度

C. 磁导率　　　　　　　　　　　　D. 磁通

7. 磁场中任一点的磁感应强度方向就是该点磁感线的（　　）方向。

A. 切线　　　　　　B. 垂线　　　　　　C. 指向 N 极　　　　　　D. 指向 S 极

8. 关于磁感线,下列说法正确的是( )。

A. 两条磁感线间的空隙处没有磁场

B. 磁感线不可能从 S 极到 N 极

C. 磁感线不是真实存在的

D. 两个磁场叠加的区域,磁感线可能相交

9. 通电线圈产生的磁场可以用( )来判断方向。

A. 右手定则 B. 左手定则

C. 右手螺旋定则 D. 左手螺旋定则

10. 通电导体在磁场中受到的力可以用( )来判断方向。

A. 右手定则 B. 左手定则

C. 右手螺旋定则 D. 左手螺旋定则

11. 导体在磁场中切割磁感线产生的感应电势可以用( )来判断方向。

A. 右手定则 B. 左手定则 C. 右手螺旋定则 D. 左手螺旋定则

12. 一通电直导线处在匀强磁场中受到的力为 F,若将其电流增大为原来的 2 倍,导线长度也增加为原来的 2 倍,此时该导线受到的磁场力为( )。

A. 0.5F B. F C. 2F D. 4F

13. 下列现象是由于电磁感应产生的是( )。

A. 通电直导线产生磁场 B. 通电直导线在磁场中运动

C. 变压器铁芯被磁化 D. 线圈在磁场中转动发电

14. 法拉第电磁感应定律表明,闭合回路中的感应电势 E 的大小与穿过回路的磁通 Φ 的关系是( )。

A. E 与 Φ 成正比 B. E 与 Φ 的变化量正比

C. E 与 Φ 的变化率正比 D. E 与 Φ 无关

15. 如下图所示,小磁针放置在螺线管左侧,开关闭合后,小磁针静止时 N 极的指向是( )。

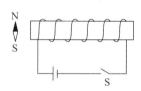

A. 向左 B. 向右 C. 向上 D. 向下

16. 通电线圈插入铁芯后,它的磁场将( )。

A. 增强 B. 减弱 C. 不变 D. 无法确定

17. 当线圈中的磁通减小时,感应电流的磁通( )。

A. 与原磁通方向相反 B. 与原磁通方向相同

C. 与原磁通方向无关 D. 以上答案都不是

18. 楞次定律表明,感生磁通永远是( )的变化。

A. 帮助线圈内原磁通 B. 阻碍线圈内原磁通

C. 帮助线圈内原电流 D. 阻碍线圈内原电流

19. 在一根长直导线旁放一个可自由移动的通电线圈 abcd,电流方向如下图所示,导线和线圈在同一平面内,则线圈将(　　)。

A. 向左运动　　　　　B. 向右运动　　　　　C. 向上运动　　　　　D. 向下运动

20. 如下图所示,电流为 I 的导线受到的力的方向是(　　)。

A. 向左　　　　　　　B. 向右　　　　　　　C. 向上　　　　　　　D. 向下

二、判断题

1. 一个磁体具有 N 极和 S 极,若将磁极从中间截断,则其中一段为 N 极,另一段为 S 极。
（　　）

2. 若通电导体在磁场中某点时受到的力为零,则该点的磁感应强度一定为零。（　　）

3. 两根靠近且平行的直导线,若通以同向电流,则它们互相吸引。（　　）

4. 磁感应强度和磁通都是矢量。（　　）

5. 磁极之间的相互作用是同性相吸、异性相斥。（　　）

6. 磁感线起始于磁铁的 N 极,终止于 S 极。（　　）

7. (2022 年学考真题)在磁体内部,磁感线的方向是由 S 极到 N 极。（　　）

8. (2021 年学考真题)小磁针放在磁场中,会受到磁场力的作用。（　　）

9. 磁感线是实际存在的,其疏密程度表示磁场的强弱。（　　）

10. (2019 年学考真题)磁通就是磁通密度。（　　）

11. 有电流必有磁场,有磁场必有电流。（　　）

12. 感应电流和感应电动势一定是同时存在的,没有感应电流就没有感应电动势。
（　　）

13. 感应电流产生的磁通方向总是与原来的磁通方向相反。（　　）

14. (2022 年学考真题)磁铁插入线圈时,线圈会产生感应电动势。（　　）

15. 当线圈中的磁通发生变化时,一定会有感应电流流过线圈。（　　）

16. 当导体在磁场中运动时,总是能产生感应电势。（　　）

17. 穿过线圈的磁通变化越大,线圈中产生的感应电势就越大。（　　）

18. 通电导线能使靠近的小磁针偏转的现象,就是电磁感应现象。（　　）

19. 线圈中只要有磁场,就会产生电磁感应现象。（　　）

20. (2019 年学考真题)在某一线圈中,如果有磁场存在,一定会在这个线圈中产生电磁感应现象。（　　）

三、填空题

1. 磁极之间存在着相互作用力,同名磁极_____,异名磁极_____。

2. 载流导体周围存在着磁场,磁场的方向由_____定则判定。

3. 磁感线形象地描述了磁场,在磁铁外部,磁感线从_____极到_____极,在磁铁内部,磁感线从_____极到_____极。

4. 描述磁场在某一范围内的分布情况的物理量是_____,符号是_____,单位为_____;描述磁场中各点磁场强弱的物理量是_____,符号是_____,单位为_____。

5. 长度 l、电流 I 的通电直导线,若导线与磁场 B 平行,导线受到的力 $F=$_____;若导线与磁场 B 垂直,则导线受到的力 $F=$_____。

6. 面积为 0.2 cm² 的导线框处于磁感应强度为 0.4 T 的匀强磁场中,若框面与磁场垂直,则穿过导线框的磁通量是_____;若框面与磁场平行,则穿过导线框的磁通量是_____。

7. 用右手螺旋定则判断载流直导线周围的磁场方向时,拇指指向_____,四指环绕方向为_____。

8. 有很多著名的物理学家对电磁学做出了重要贡献,其中,_____发现了电流的磁效应,_____研究了通电导线在磁场中受力的规律,_____发现了电磁感应现象。

9.(2022年学考真题)某区域的磁场中,若各磁感线方向相同,分布均匀,则这一区域是_____磁场。

10.(2022年学考真题)磁感应强度的单位符号是_____。

11. 楞次定律表明,感应电流产生的磁场总是要_____引起感应电流的磁通量的变化。

12. 感应电动势和感应电流产生的条件是这样的:穿过电路的磁通发生变化时,电路中就有_____产生。如果电路是闭合的,则在电路中就形成_____。

第二节 变压器

 思维导图

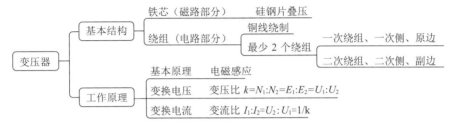

 学习任务

1. 了解变压器的工作原理；
2. 掌握变压器的变压比、变流比的计算。

 知识梳理

变压器是利用电磁感应原理(互感现象)制成的电气设备。它能变换电压、电流等,在生产生活中有广泛的应用。

变压器在电路中的符号如图 3-2-1 所示。

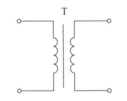

图 3-2-1 变压器在电路中的符号

一、变压器的基本结构

变压器主要由铁芯和绕组两部分组成。图 3-2-2 所示为常见的小型变压器。

图 3-2-2 变压器

铁芯是变压器的磁路部分,为减小损耗,一般用 0.35～0.5 mm 厚的涂有绝缘漆的硅钢片叠压而成。

绕组是变压器的电路部分,一般用涂有绝缘漆的铜线绕制而成。工作时,与电源相连的绕组称为一次绕组,简称一次侧,也叫原边;与负载相连的绕组称为二次绕组,简称二次侧,也叫副边。图 3-2-3 是变压器的结构示意图。

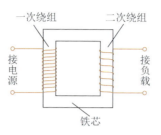

图 3-2-3　变压器结构示意

二、变压器的工作原理

当变压器一次绕组接上交变电压 u_1 时,交变电流 i_1 流过一次绕组,在铁芯中产生交变磁通 Φ,该磁通称为主磁通。主磁通 Φ 穿过一次、二次绕组,在两个绕组上产生感应电动势 e_1、e_2,e_2 作为二次侧电源给负载供电。

二次侧空载时,一次侧电流称为空载电流,用 i_0 表示,空载电流很小。

如果二次侧接入负载,则负载中就有电流 i_2 流过,负载两端的端电压为 u_2。同时,i_2 电流流过二次绕组,在铁芯中产生与主磁通变化方向相反的磁通,铁芯中的磁通被削弱,e_1 减小,但一次侧外加电压不变,所以一次绕组的电流就会增大,最终使主磁通保持不变。这样,当负载增大,一次侧的输入电流就增加,能量就从一次侧传递到了二次侧。

电压和电流取关联参考方向,电流与磁通、磁通与感应电势均符合右手螺旋定则,则变压器工作时各电压、电流、电势、磁通方向如图 3-2-4 所示。

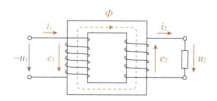

图 3-2-4　变压器工作原理示意图

1. 变换电压

设一次绕组匝数为 N_1,二次绕组匝数为 N_2,变压器中的主磁通为 Φ,忽略漏磁。根据电磁感应定律,有

$$E_1 = -N_1 \frac{\Delta \Phi}{\Delta t}, E_2 = -N_2 \frac{\Delta \Phi}{\Delta t}$$

由此可得一、二次侧感应电势大小之比

$$\frac{E_1}{E_2}=\frac{N_1}{N_2}$$

二次侧空载时，一次侧空载电流很小，一次侧电压大小 $U_1 \approx E_1$，二次侧电压大小 $U_2 = E_2$，因此有

$$\frac{U_1}{U_2} \approx \frac{E_1}{E_2}=\frac{N_1}{N_2}=k$$

式中，k 称为变压比，简称变比。变压比与匝数成正比。

当 $k>1$ 时，变压器使电压降低，这种变压器称为降压变压器；当 $k<1$，变压器使电压升高，这种变压器称为升压变压器。

2. 变换电流

二次侧负载时，因主磁通维持不变，即一次侧增加的电流产生的磁通和二次侧电流产生的磁通相互抵消，且空载电流非常小，相比可忽略，因此有

$$N_1 I_1 \approx N_2 I_2$$

可得

$$\frac{I_1}{I_2} \approx \frac{N_2}{N_1}=\frac{1}{k}$$

一、二次绕组中的电流 I_1、I_2 之比称为变流比，变流比与匝数成反比。

 **强化训练**

一、选择题

1. 变压器在电路中的符号是（　　）。

A. B　　　　　　　B. K　　　　　　　C. T　　　　　　　D. G

2. 单相变压器至少由（　　）个绕组组成。

A. 2　　　　　　　B. 3　　　　　　　C. 4　　　　　　　D. 5

3. 在下列选项中，不属于变压器功能的是（　　）。

A. 变换电压　　　　　　　　　　B. 变换电流

C. 变换阻抗　　　　　　　　　　D. 变换频率

4. 变压器中起传递能量作用的是（　　）。

A. 主磁通　　　B. 漏磁通　　　C. 电压　　　D. 电流

5. 变压器的一、二次绕组电动势 E_1、E_2 和一、二次绕组匝数 N_1、N_2 之间的关系为（　　）。

A. $\frac{E_1}{E_2}=\frac{N_1}{N_2}$　　　B. $\frac{E_1}{E_2}=\frac{N_2}{N_1}$　　　C. $\frac{E_1}{E_2}=\left(\frac{N_2}{N_1}\right)^2$　　　D. $\frac{E_1}{E_2}=\left(\frac{N_1}{N_2}\right)^2$

6. 下列说法错误的是（　　）。

A. 变压器可用来变换电压　　　　　B. 变压器可用来变换频率

C. 变压器可用来变换阻抗　　　　　D. 变压器是一种静止的电气设备

7. 下列关于变压器的变比 k 的公式，错误的是（　　）。

A. $k=N_1/N_2$　　　B. $k=U_1/U_2$　　　C. $k=I_1/I_2$　　　D. $k=E_1/E_2$

8. 变压器一次绕组、二次绕组中不能改变的物理量是（　　　）。

A. 电压　　　　　　　B. 电流　　　　　　　C. 阻抗　　　　　　　D. 频率

9. 变压器一次绕组 100 匝，二次绕组 1200 匝，在一次绕组两端加直流电源，则二次绕组的输出电压是（　　　）。

A. 120 V　　　　　　B. 12 V　　　　　　　C. 0.8 V　　　　　　D. 0

10. 有一台 220 V/36 V 的降压变压器，为 40 W 的电灯供电（不计变压器损耗），则一次绕组和二次绕组的电流之比是（　　　）。

A. 1：1　　　　　　B. 55：9　　　　　　C. 9：55　　　　　　D. 不能确定

11. 变压器的负载应该接在（　　　）。

A. 高压侧　　　　　B. 低压侧　　　　　C. 原边　　　　　　D. 副边

12. 一个降压变压器接在电路中，以下说法正确的是（　　　）。

A. 原边电压高　　　B. 副边电压高　　　C. 高压侧电流大　　D. 一次侧电流大

二、判断题

1. 变压器是静止的电磁设备。　　　　　　　　　　　　　　　　　　　　　（　　　）

2. 变压器可以接在直流电源上。　　　　　　　　　　　　　　　　　　　　（　　　）

3. 变压器既可以变换交流电压也可以变换直流电压。　　　　　　　　　　　（　　　）

4. 变压器只能变换交流电，不能变换直流电。　　　　　　　　　　　　　　（　　　）

5. 变压器是利用电磁感应原理工作的。　　　　　　　　　　　　　　　　　（　　　）

6. 在电路中所需的各种电压，都可以通过变压器变换获得。　　　　　　　　（　　　）

7. 同一台变压器中，匝数少、线径粗的是高压绕组；而匝数多、线径细的是低压绕组。

　　　　　　　　　　　　　　　　　　　　　　　　　　　　　　　　　（　　　）

8. 作为升压的变压器，其变压比 $k>1$。　　　　　　　　　　　　　　　　（　　　）

9. 变压器二次绕组电流是从一次绕组传递过来的，所以 I_1 决定了 I_2 的大小。（　　　）

10. 因为变压器一次绕组、二次绕组中没有导线连接，故一、二次绕组电路是独立的，相互之间没有任何联系。　　　　　　　　　　　　　　　　　　　　　　（　　　）

11. 变压器不仅可以变换电压电流，还可以变换功率。　　　　　　　　　　（　　　）

12. 降压变压器一次绕组匝数比二次绕组匝数多。　　　　　　　　　　　　（　　　）

13. 变压器的损耗包括铁损耗和铜损耗。　　　　　　　　　　　　　　　　（　　　）

14. 变压器在变换电压的同时也变换了电流。　　　　　　　　　　　　　　（　　　）

15. 变压器可以改变直流电的电压。　　　　　　　　　　　　　　　　　　（　　　）

16. 变压器工作时与负载连接的绕组称为二次侧。　　　　　　　　　　　　（　　　）

三、填空题

1. 变压器的结构主要由＿＿＿＿＿和＿＿＿＿＿两个基本部分组成。

2. 变压器的铁芯常用＿＿＿＿＿＿叠压而成。

3. 变压器与电源相连的一侧称为＿＿＿＿边，与负载相连的一侧称为＿＿＿＿边。

4. 如果变压器的变压比大于1，则称为＿＿＿＿＿变压器。

5. 某变压器一次绕组为 100 匝，二次绕组为 10 匝，则该变压器变比为＿＿＿＿＿。

6. 一个变比为 10 的变压器,若副边测得电流为 10 A,则原边电流应为 _____ A。

四、计算题

一台单相变压器一次绕组接交流电压 1000 V,空载时测得二次绕组电压为 400 V。若已知二次绕组匝数为 32 匝,试求变压器的一次绕组匝数为多少?

第三节　电感

 **思维导图**

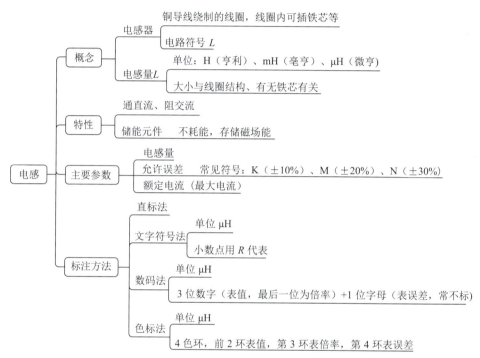

电感
- 概念
  - 电感器
    - 铜导线绕制的线圈，线圈内可插铁芯等
    - 电路符号 L
    - 单位：H（亨利）、mH（毫亨）、μH（微亨）
  - 电感量 L
    - 大小与线圈结构、有无铁芯有关
- 特性
  - 通直流、阻交流
  - 储能元件　不耗能，存储磁场能
- 主要参数
  - 电感量
  - 允许误差　常见符号：K（±10%）、M（±20%）、N（±30%）
  - 额定电流（最大电流）
- 标注方法
  - 直标法
  - 文字符号法
    - 单位 μH
    - 小数点用 R 代表
  - 数码法
    - 单位 μH
    - 3 位数字（表值，最后一位为倍率）+1 位字母（表误差，常不标）
  - 色标法
    - 单位 μH
    - 4 色环，前 2 环表值，第 3 环表倍率，第 4 环表误差

 **学习任务**

1. 结合实物了解实际电感器元件，掌握电感器的标注方法，特别是数码法；
2. 了解电感器的概念、特性、主要参数及其应用；
3. 了解储能元件和耗能元件的概念和区别，电感器是储能元件，电阻器是耗能元件。

知识梳理

一、电感概念

　　由上节知识可知，当线圈中流过的电流发生变化时，产生的磁通也跟着变化，线圈中就会产生阻碍原磁通变化的感应电动势（楞次定律），这种现象称为自感现象，简称自感。在自感现象中产生的感应电动势称为自感电动势。每匝线圈产生的磁通称为自感磁通。

　　若线圈中电流为直流时，无自感现象，此时电感相当于一段导线。故电感具有"通直流，阻交流"的特性。

不同线圈产生自感电动势的能力不同,这种能力用自感系数 L 来表示,也称为电感量,简称电感。单位为亨利(H),简称亨。常用单位有毫亨(mH)、微亨(μH)。

$$1\ \text{H}=10^3\ \text{mH}=10^6\ \mu\text{H}$$

设线圈匝数为 N,每匝线圈的自感磁通为 Φ,线圈中电流为 I,电感量 L 定义为

$$L=N\frac{\Phi}{I}$$

二、电感器

电感器是能够将电能转化为磁能存储起来的元件。实际电感器是用铜导线绕制成的圆筒状线圈,圆筒内有时会装入铁芯、磁芯等来增大电感。电感器元件也常简称为电感。因此,"电感"一词既代表电感元件,也表示元件的电感量。

电感器的种类繁多,按电感量可调与否分为固定电感器和可调电感器,按工作性质不同分为高频电感器和低频电感器,按磁体性质不同可分为空芯电感器、磁芯电感器、铜芯电感器等,按封装形式不同可分为普通电感器、色环电感器、环氧树脂电感器和贴片电感器等。表 3-3-1 是几种常见类型电感器的外形及电路符号。

表 3-3-1 常见电感器的外形及电路符号

名称	实物	电路符号
空芯电感器		L
有铁芯、磁芯电感器		L
可调有芯电感器		L

空芯电感器的电感一般为常量,只由线圈本身的截面积、形状、匝数等决定。线圈截面积越大,匝数越多,电感就越大;反之,电感越小。这种电感称为线性电感。

由于铁磁材料具有良好的导磁性能,故有铁芯线圈的电感比空芯线圈的电感要大得多,且电感的大小会随电流的变化而变化,这种电感称为非线性电感。本书只讨论线性电感。

三、电感器的主要参数

1. 电感量

电感量指电感器的标称电感量,一般标注在电感器外壳上。

2. 允许误差

实际电感量与标称电感量之间的误差称为允许误差,表 3-3-2 为常见电感允许误差及符号。

表 3-3-2   常见电感器允许误差符号

符号	J/ I	K/ Ⅱ	L	M/ Ⅲ	N
允许误差	±5%	±10%	±15%	±20%	±30%

3. 额定电流

额定电流指电感器正常工作时允许通过的最大电流,也叫标称电流。电感器实际工作时的电流必须小于额定电流,否则电感器可能会烧毁。

四、电感器的标注方法

1. 直标法

直标法是在电感器外壳上直接印有电感器的电感量等主要参数的标注方法。图 3-3-1 电感量为 $3.0~\mu\mathrm{H}$。

图 3-3-1   直标法电感器

2. 文字符号法

文字符号法是用数字、文字符号来表示电感器的电感量的标注方法,与电阻的文字符号法类似,电感量数值中的小数点用字母 R 表示,单位默认 $\mu\mathrm{H}$。允许误差常不标注,可从型号中读出,常见为 ±20%(M)。

图 3-3-2(a)电感量为 $6.8~\mu\mathrm{H}\pm20\%$,图 3-3-2(b)电感量为 $4.7~\mu\mathrm{H}$。

（a）   （b）

图 3-3-2   文字符号法电感器

3. 数码法

电感器的数码法由 3 位数字和 1 位字母组成,前两位数字为有效数,第三位数字为倍乘数,单位 μH,字母表示允许误差。允许误差也常不标注在外壳上,可从型号中读出,常见为 $\pm 20\%(M)$。

图 3-3-3(a)电感量为 470 μH(0.47 mH),图 3-3-3(b)电感量为 22 μH,图 3-3-3(c)电感量为 33 $\mu H \pm 10\%$。

| (a) | (b) | (c) |

图 3-3-3 数码法电感器

4. 色标法

色标法即用色环表示电感量的标注方法。第 1、2 环表示两位有效数字,第 3 环表示倍乘数,第 4 环表示允许误差,单位 μH。各色环颜色的含义与色环电阻器相同。图 3-3-4 所示色环电感的电感量为 1 mH,误差为 $\pm 10\%$。

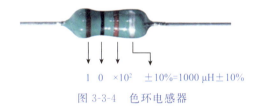

1 0 $\times 10^2$ $\pm 10\% = 1000\ \mu H \pm 10\%$

图 3-3-4 色环电感器

五、电感的储能作用

将灯泡、电感线圈、开关和电源按图 3-3-5 所示电路连接,合上开关,灯泡正常发光后,再断开开关,会发现灯泡突然变得很亮,然后逐渐熄灭。究其原因,是由于电路断开的瞬间,通过线圈的电流突然减弱,磁通变小,线圈上产生自感电动势,该电势作为电源与灯泡组成闭合回路。此时,线圈中储存的磁场能释放,转化成电能,使灯泡持续发光。

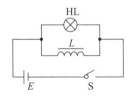

图 3-3-5 断电自感实验

以上实验表明,电感是储能元件,储存的能量是磁场能。而电路中的灯泡,即电阻,将电能转换为光能和热能,是耗能元件。电感的储能具有以下特点。

(1)磁能和电能在电路中可以互相转化

当电流增大时,电感线圈的磁场增强,电能转化为磁能。当电流减小时,磁场减弱,线圈中的磁能通过电磁感应作用又转化为电能。

（2）磁场能量与电感量成正比

设电流为 i，线圈电感为 L，线圈存储的磁场能量为 W_L，通过推导，有

$$W_L = \frac{1}{2}Li^2$$

 **强化训练**

一、单项选择题

1. 电感是一种储能元件，储存的是（　　）。

A. 电场能　　　　　　　　　　　　B. 磁场能

C. 化学能　　　　　　　　　　　　D. 以上都错

2. 电感的单位是（　　）。

A. 亨利　　　　　B. 法拉　　　　　C. 韦伯　　　　　D. 特斯拉

3. 1 mH 等于（　　）H。

A. 10^{-3}　　　　B. 10^{-6}　　　　C. 10^3　　　　D. 10^6

4. 1 mH 等于（　　）μH。

A. 10^{-3}　　　　B. 10^{-6}　　　　C. 10^3　　　　D. 10^6

5. 下列因素不影响电感器电感量的是（　　）。

A. 线圈的匝数　　　　　　　　　　B. 线圈大小

C. 通过的电流　　　　　　　　　　D. 有无铁芯

6. 电感的特性是（　　）。

A. 通直流，阻交流　　　　　　　　B. 隔直流，通交流

C. 交直流都通　　　　　　　　　　D. 交直流都不通

7. 电感线圈在电路中，主要是用来（　　）。

A. 储存电能　　　　　　　　　　　B. 储存磁场能

C. 消耗电能　　　　　　　　　　　D. 消耗磁场能

8. 电感器抗拒电流变化的能力可以用（　　）物理量来描述。

A. 亨利　　　　　B. 法拉　　　　　C. 电阻　　　　　D. 电感

9. 某电感器上标有"2R2M"，则该电感器电感量是（　　）。

A. 2 Ω　　　　　B. 2.2 Ω　　　　C. 2 μH　　　　D. 2.2 μH

10. 某电感器上标有"2R2M"，其中"M"表示（　　）。

A. 单位为 mH　　　　　　　　　　B. 单位为 μH

C. 误差为 ±10%　　　　　　　　　D. 误差为 ±20%

11. 某电感器表面标记为"223"，该数字表示（　　）。

A. 型号　　　　　B. 电阻值　　　　C. 电感量　　　　D. 额定电流

12. 有一个型号为 RM6－100M 的电感器，它的电感量是（　　）。

A. 6 mH　　　　　B. 6 μH　　　　C. 10 μH　　　　D. 100 μH

13. 数码法标记的电感,读数时默认电感单位为(　　)。

A. μH　　　　　　　B. mH　　　　　　　C. H　　　　　　　D. 无法确定

14. 某电感器上标有"300K",则它的电感为(　　)。

A. 30 μH$\pm$10%　　　　　　　　B. 300 μH$\pm$10%

C. 30 μH$\pm$20%　　　　　　　　D. 300 μH$\pm$20%

15. 色环电感一般有(　　)条色环。

A. 2　　　　　　　　B. 3　　　　　　　　C. 4　　　　　　　　D. 5

二、判断题

1. 线圈插入铁芯后,电感会大大增加。　　　　　　　　　　　　　　　　(　　)

2. 自感现象也是电磁感应的一种。　　　　　　　　　　　　　　　　　(　　)

3. 线圈匝数增加,电感量减小。　　　　　　　　　　　　　　　　　　(　　)

4. 电感在直流电路中相当于开路,在交流电路中相当于短路。　　　　　　(　　)

5. 电感器的电感是由本身特性决定的,与线圈的尺寸、匝数以及媒质的磁导率有关。

(　　)

6. 理想电感不消耗能量。　　　　　　　　　　　　　　　　　　　　　(　　)

7. 电阻是耗能元件,电感是储能元件。　　　　　　　　　　　　　　　(　　)

8. 线圈中的电流变化越快,其自感系数 L 就越大。　　　　　　　　　　(　　)

9. 电感具有阻碍交流通过的作用。　　　　　　　　　　　　　　　　　(　　)

10. 自感电动势的大小与线圈通过的电流变化率成正比。　　　　　　　　(　　)

11. 绕制好的空芯电感,其电感值不会随电流变化。　　　　　　　　　　(　　)

12. 有铁芯的线圈,其电感是一个常数。　　　　　　　　　　　　　　　(　　)

13. 空芯电感线圈一般可看作是线性电感。　　　　　　　　　　　　　　(　　)

14. 用数码法标注电感时,应该用 4 位数字来表示。　　　　　　　　　　(　　)

15. 一个标有"220"字样的电感,表示该电感应该用在 220 V 的交流电路中。　(　　)

三、填空题

1. 电感的符号是_____,国际单位符号是_____。

2. 电感的主要参数有_____、_____和_____。

3. 电感器的允许误差一般用字母表示,其中 M 代表误差为_____,N 代表误差为_____。

4. 数码法标注电感量时,默认单位为_____;色标法标注电感量时,默认单位为_____。

5. 某电感器上标有"3R3"字样,它的标称电感量是_____μH。

6. 某电感器上标有"300M"字样,它的标称电感量是_____μH,M 的含义是_____。

7. 某色环电感上的色环依次为黄、蓝、红、银,则该电感为_____μH,即_____mH,误差为_____。

8. 某贴片电感上标有"470"字样,它的标称电感量是_____μH。

第四节　电容

 **思维导图**

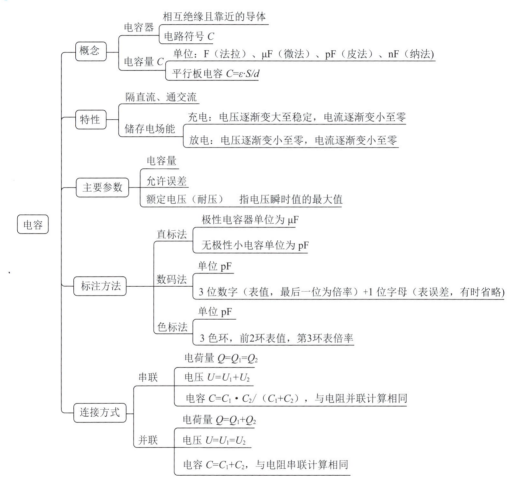

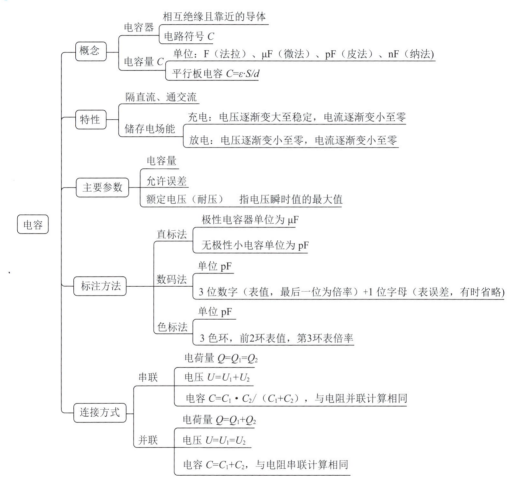 **学习任务**

1. 结合实物了解实际电容器元件,掌握电容器的标注方法,特别是数码法;

2. 了解电容器概念、特性、主要参数及其应用;

3. 了解电容器的储能作用;

4. 理解电容器充、放电电路的工作特点;

5. 掌握电容器串联、并联的等效电容的计算方法。

**知识梳理**

一、电容概念

任何两个彼此绝缘又互相靠近的导体,都可以看作是一个电容器,这两个导体就是电容器的两个极板,中间的绝缘材料称为电容器的介质。电容器是电路的基本元件之一。

当电容器的两个极板之间加上电压时,电容器就会储存电荷。电容器所带电荷量 Q 与它两极板间电压 U 的比值是一个常数,称为电容器的电容量,简称电容,用 C 表示,即

$$C = \frac{Q}{U}$$

电容单位为法拉(F),常用单位有微法(μF)、皮法(pF)、纳法(nF)等。

$$1\text{ F} = 10^6\,\mu\text{F} = 10^9\,\text{nF} = 10^{12}\,\text{pF}$$

电容是电容器的固有特性,它的大小取决于电容本身的结构,与外界环境无关。设平行板电容器中介质的介电常数为 ε(单位 F/m),两极板正对面积为 S,两极板间距离为 d,则平行板电容器的电容量公式为

$$C = \varepsilon\frac{S}{d}$$

二、电容器

电容器也常简称为电容,因此,"电容"一词既代表电容元件,也表示元件的电容量。

电容器的种类繁多,表 3-4-1 是几种常见电容器的外形及电路符号。

表 3-4-1 常见电容器外形及电路符号

名称	实物	电路符号
瓷片电容、涤纶电容等无极性固定电容器	金属膜电容　　瓷片电容　　涤纶电容	C ─┤├─
铝电解电容器、钽电解电容器等有极性电容器	10 uF 400V	C ─┤├─　　C ─┤├─

续表

可变电容器		C
微调电容器		C

三、电容器的主要参数

1. 电容量

电容量指电容器的标称容量,反映了电容器储存电荷的能力。

2. 允许误差

电容器的实际容量和标称容量之间的误差称为允许误差,表 3-4-2 所示为电容器常见允许误差及符号。

表 3-4-2　常见电容器允许误差符号

符号	D	F	G	J/I	K/Ⅱ	M/Ⅲ
允许误差	±0.5%	±1%	±2%	±5%	±10%	±20%

3. 额定电压

额定电压指在规定的温度范围内,可以连续加在电容器上而不损坏电容器的最大电压,也称耐压。它是电容器的重要参数,使用时要确保电路工作电压的最大值不超过电容器耐压,否则电容器可能被击穿。

四、电容器的标注方法

1. 直标法

直标法是指在电容器外壳上直接标注其电容量等主要参数的标注方法。常见的铝电解电容一般都采用直标法。图 3-4-1 所示为部分直标法电容器。

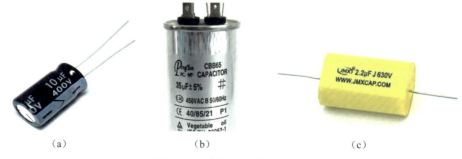

（a）　　　　　　　　（b）　　　　　　　　（c）

图 3-4-1　直标法电容器示例 1

图 3-4-1(a)电容量 10 μF,耐压 400 V;图 3-4-1(b)电容量 35 μF±5%,耐压 450 V;图 3-4-1(c)电容量 2.2 μF±5%,耐压 630 V。

铝电解电容体积较小时,常不标注单位,默认 μF,如图 3-4-2 所示。

图 3-4-2(a)电容量 100 μF,耐压 100 V;图 3-4-2(b)电容量 1000 μF,耐压 6 V。

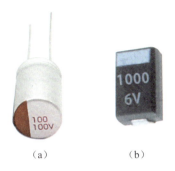

（a）　　　　　（b）

图 3-4-2　直标法电容器示例 2

有些瓷片电容器体积较小,也常省略单位,默认 pF,如图 3-4-3 所示。

图 3-4-3(a)电容量 20 pF,图 3-4-3(b)电容量 3.3 pF。

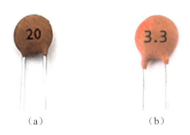

（a）　　　　　（b）

图 3-4-3　直标法电容器示例 3

2. 数码法

电容器的数码法由 3 位数字和 1 位字母组成,第 1、2 位数为有效数,第 3 位数为倍乘数,单位 pF,字母表示允许误差,如图 3-4-4 所示。

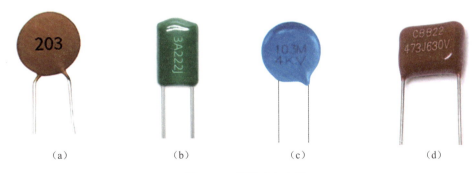

（a）　　　　（b）　　　　（c）　　　　（d）

图 3-4-4　数码法电容器

图 3-4-4(a)电容量 20×10^3 pF = 20 nF = 0.02 μF;图 3-4-4(b)电容量 22×10^2 pF =

2.2 nF,误差±5%;图 3-4-4(c)电容量 10×10^3 pF＝10 nF＝0.01 μF,误差±20%,耐压 4 kV;图 3-4-4(d)电容量 47×10^3 pF＝47 nF＝0.047 μF,误差±5%,耐压 630 V。

3. 色标法

色标法即用色环表示电容量的标注方法。电容器的色环一般只有 3 环,第 1、2 环表示两位有效数字,第 3 环表示倍乘数,单位为 pF。各色环颜色的含义与色环电阻器相同,读色环时第一环最粗。图 3-4-5 所示色环电容的电容量为 10×10^5 pF＝1 μF。

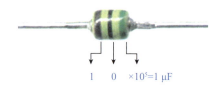

1　0　$\times10^5$＝1 μF

图 3-4-5　某色环电容

注意,色环电容、色环电感及色环电阻在外观上的区别主要有以下两方面。

(1)颜色不同

色环电阻一般为米黄色、灰色或蓝色,米黄色和灰色的通常是四环电阻,蓝色的通常是五环电阻;色环电感一般为绿色;色环电容较少,颜色一般是淡黄色(图 3-4-6)。

(2)形状不同

色环电阻的形状像一根骨头,两头粗中间细;色环电感比色环电阻略粗些;色环电容则像一个椭形圆柱,中间最粗(图 3-4-6)。

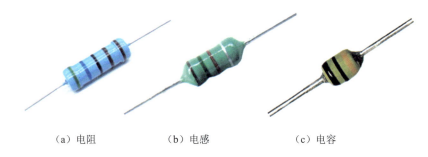

(a)电阻　　　　　　(b)电感　　　　　　(c)电容

图 3-4-6　色环电阻、色环电感与色环电容

五、电容器的充放电

1. 电容器的充电

如图 3-4-7(a)所示,当开关 S 置于"1"位时,电源 E 经电阻 R 给电容器 C 充电。开关合上 1 位瞬间,由于电容两极板与电源之间有较大电压,因此正电荷从电源正极往电容器上极板移动,负电荷从电源负极往电容器下极板移动,形成如图所示电流,此时电流最大,为 $i_C=\dfrac{E}{R}$。随后电流逐渐减小,直至为零,充电过程结束,此时 $U_C=E$。充电过程中的电压电流变

化如图 3-4-7(b)、图 3-4-7(c)所示。

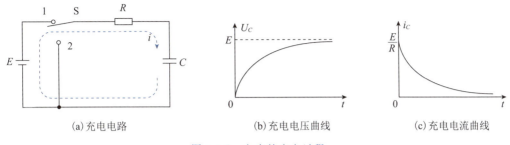

| (a)充电电路 | (b)充电电压曲线 | (c)充电电流曲线 |

图 3-4-7　电容的充电过程

电容器在充电过程中,电容器储存电荷,将电能转化为电场能,因此电容器可以储存电场能,是一种储能元件。根据推导,电容器储存的电场能 $W_C = \dfrac{1}{2}CU^2$。

电容器充电完成后,电路达到稳定状态,电路无电流,说明电容器具有隔断直流电的作用,即"隔直流"特性。

2. 电容器的放电

如图 3-4-8(a)所示,当开关 S 置于"2"位时,电容器 C 经电阻 R 放电。开关打到 2 位瞬间电流最大,且与充电时方向相反。随着放电过程进行,电容两极板上正负电荷不断中和,电容器两端电压逐渐减小,电流也逐渐减小,直至为零,放电过程结束。放电过程中的电压电流变化如图 3-4-8(b)、图 3-4-8(c)所示。

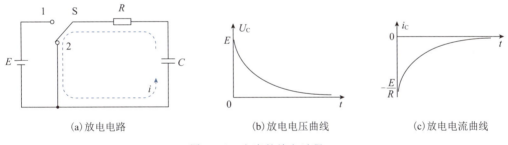

| (a)放电电路 | (b)放电电压曲线 | (c)放电电流曲线 |

图 3-4-8　电容的放电过程

由以上分析可知,当含有电容器的电路的状态发生变化(如合闸、分闸)时,由于电容器的充放电作用,使电路中有电流通过,即电容具有"通交流"特性。

注意,电容器充放电过程中的电流均指电路中的电流,该电流并未穿过电容器两极板间的介质。

电容器充放电所需的时间称为电路的时间常数,用 τ 表示,单位秒(s),$\tau = RC$。

六、电容器的串并联

1. 电容器的串联

与电阻的串联类似,多个电容器首尾依次相连而成的无分支连接方式,称为电容器的串联,如图 3-4-9 所示。

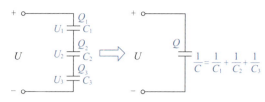

图 3-4-9 电容器的串联

电容器串联具有以下特点。

（1）电荷量

各电容器上的电荷量都相等,即

$$Q_1 = Q_2 = Q_3 = \cdots = Q$$

（2）电压

总电压等于各电容器上的电压之和,即

$$U = U_1 + U_2 + U_3 + \cdots + U_n$$

（3）电容

总电容的倒数等于各电容的倒数之和,即

$$\frac{1}{C} = \frac{1}{C_1} + \frac{1}{C_2} + \frac{1}{C_3} + \cdots + \frac{1}{C_n}$$

（4）电压分配关系

各电容器两端电压与其电容量成反比,即

$$C_1 U_1 = C_2 U_2 = C_3 U_3 = \cdots = C_n U_n$$

电容器串联适用于单个电容器的耐压不足时,且串联后总电容量变小。

2. 电容器的并联

与电阻的并联类似,多个电容器正极板相连、负极板也相连而成的连接方式,称为电容器的并联,如图 3-4-10 所示。

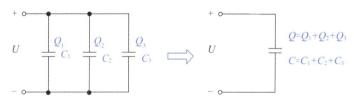

图 3-4-10 电容器的并联

电容器并联具有以下特点。

（1）电荷量

总电荷量等于各电容上电荷量之和,即

$$Q = Q_1 + Q_2 + Q_3 + \cdots + Q_n$$

（2）电压

各电容器上的电压都相等,即

$$U = U_1 = U_2 = U_3 = \cdots = U_n$$

（3）电容

总电容等于各电容之和，即

$$C = C_1 + C_2 + C_3 + \cdots + C_n$$

（4）电荷量分配关系

各电容器上电荷量与其电容量成正比，即

$$\frac{Q_1}{C_1} = \frac{Q_2}{C_2} = \frac{Q_3}{C_3} = \cdots \frac{Q_n}{C_n}$$

电容器并联适用于单个电容器的电容量不足时，并联后的总耐压应等于耐压最小的电容器的耐压。

强化训练

一、单项选择题

1. 任何两个相互靠近又彼此绝缘的导体，都可以看成是一个（　　）。

A. 电阻器 　　　　 B. 开关 　　　　 C. 电容器 　　　　 D. 电感器

2. 电容的单位是（　　）。

A. C 　　　　 B. F 　　　　 C. q 　　　　 D. V

3. 根据电容器的电容的定义式 $C = Q/U$，可知（　　）。

A. 电容器带的电量 Q 越多，它的电容 C 就越大，C 与 Q 成正比

B. 电容器不带电时，其电容为零

C. 电容器两极之间的电压 U 越高，它的电容 C 就越小，C 与 U 成反比

D. 电容器的电容大小与电容器的带电情况无关

4.（2022年学考真题）要使圆形平板电容器的电容量增大一倍，下列做法正确的是（　　）。

A. 电容器两极板的半径增大一倍

B. 电容器两极板的面积增大一倍

C. 电容器两极板间距增大一倍

D. 电容器两端的电压增大一倍

5. 有一电容量为 $50\ \mu F$ 的电容器，接到直流电源上对它充电，这时它的电容为 $50\ \mu F$。当它不带电时，它的电容是（　　）。

A. 0 　　　　 B. $25\ \mu F$ 　　　　 C. $50\ \mu F$ 　　　　 D. $100\ \mu F$

6. 在某一电路中，测得一只 $16\ \mu F$ 的电容器两端的电压为 $50\ V$，当电路的电压增加时，电容器上的电压也增大，那么下列说法中正确的是（　　）。

A. 电容器的电容量也随之增大

B. 电容器的带电荷量也随之增大

C. 电容器的带电荷量不变

D. 无法判断

7. 在使用电解电容器时，下面说法正确的是（　　）。

A. 电解电容器有极性，使用时应使负极接低电位，正极接高电位

B. 电解电容器有极性,使用时应使正极接低电位,负极接高电位

C. 电解电容器与一般电容器相同,使用时不用考虑极性

D. 一个电解电容器在交、直流电路中的作用是一样的

8. 电容器上标有"30 μF,600 V"字样,600 V 的电压是指(　　)。

A. 最大电压　　　　　　　　　　　B. 最小电压

C. 正常工作时必须加的电压　　　　D. 交流电压有效值

9. 电容元件是(　　)。

A. 储能元件　　　　　　　　　　　B. 耗能元件

C. 线性元件　　　　　　　　　　　D. 记忆元件

10. 电容器中储存的能量是(　　)。

A. 热能　　　　　B. 机械能　　　　　C. 磁场能　　　　　D. 电场能

11. 在下图所示电路中,下列说法不正确的是(　　)。

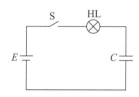

A. 当开关 S 闭合时,电容器开始充电

B. 当开关 S 闭合时,电容器开始放电

C. 当开关 S 闭合时,小灯泡只亮一瞬间又熄灭

D. 当开关 S 闭合充电完成后,电容器两端的电压与电源的电动势相同

12. 将电容器两极板分别接到电源的正、负极上,使电容器两极板分别带上等量异号电荷,这个过程叫电容器的(　　)过程。

A. 充电　　　　　B. 放电　　　　　C. 释放电能　　　　D. 消耗电能

13. 用一根导线将电容器两极板相连,两极板上正、负电荷中和,电容器失去电量,这个过程称为电容器的(　　)过程。

A. 充电　　　　　B. 放电　　　　　C. 吸收电能　　　　D. 消耗电能

14. 两电容 C_1、C_2 并联后的总电容 C 为(　　)。

A. $C=C_1+C_2$　　　　B. $C=C_1 \times C_2$　　　　C. $\dfrac{1}{C}=\dfrac{1}{C_1}+\dfrac{1}{C_2}$　　　　D. C_1

15. 两只电容量为 10 μF 的电容器,并联在电压为 10 V 的电路上。现将电路的电压提高到 20 V,则此时电容器的电容量将(　　)。

A. 增大一倍　　　　　　　　　　　B. 减少一半

C. 不变　　　　　　　　　　　　　D. 无法判断

16. 两个电容器串联后接在电源上,已知 $C_1:C_2=2:1$,则电容两端电压 U_1 与 U_2 之间的关系为(　　)。

A. $U_1:U_2=2:1$　　　　　　　　　B. $U_1:U_2=4:1$

C. $U_1:U_2=1:2$　　　　　　　　　D. $U_1:U_2=1:4$

二、判断题

1. 电容器的电容量会随着它所带电荷量的多少而发生变化。 （ ）

2. 电容器储存的电量与电压的平方成正比。 （ ）

3. 在电路中,电容器本身只进行能量的交换,而不消耗能量,所以说电容器是一个储能元件。 （ ）

4. 电容接在直流电路中,稳定后不会有电流流过。 （ ）

5. (2019 年学考真题)电容器在充电时,其端电压由低变高,充电电流由小变大。 （ ）

6. 几个电容器串联后接在直流电源上,则各个电容器所带的电荷量均相等。 （ ）

7. 在电容器串联电路中,每只电容所分配到的电压与它自身的电容量成正比。 （ ）

8. 在电路中,电容器的等效电容量是越串越大、越并越小。 （ ）

9. 将"10 μF,50 V"和"5 μF,50 V"的两个电容器串联,该等效电容器的额定工作电压仍为 50 V。 （ ）

10. (2019 年学考真题)两个容量不同的电容器串联使用时,其总电容会增大。 （ ）

11. 几只电容器并联,每个电容两端的电压都一样。 （ ）

12. 两只电容器并联接在电路中,则电容大的电容器带的电荷量多,电容小的电容器带的电荷量少。 （ ）

三、填空题

1. 任何两个彼此_____又相隔很近的_____都可以看成一个电容器。

2. 组成电容器的两个导体称为_____,中间的绝缘介质称为电容器的_____。

3. (2019 年学考真题)电容量的国际标准单位是_____,符号为_____。

4. 电容的单位换算 1 μF＝_____pF。

5. 有极性电容器的管脚常常做成一长一短,长的一端为_____极,短的一端为_____极。

6. 一个 330 μF 的电容器,接到直流电源上对它充电,这时它的电容为_____;当它充电结束后,对它进行放电,这时它的电容为_____。

7. 电容和电阻都是电路中的基本元件,但它们在电路中所起的作用却是不同的,从能量上看,电容是_____元件,电阻是_____元件。

8. 我们把几个电容器的极板首尾相接,连成一个中间无分支的电路的连接方式称为电容器的_____联。

9. 串联电容器的等效电容比其中任一只电容器的电容都要_____,每个电容器两端的电压与自身的电容成_____比。

10. 某电容器上标有"33"字样,它的标称容量是_____pF。

11. 某电容器上标有"107/16 V"字样,它的标称容量是_____μF。

12. 某电容器上标有"202M"字样,它的标称容量是_____pF,M 的含义是_____。

13. 某电容器上标有"154 J/2 kV"字样,它的标称容量是_____pF,即_____

μF，误差是_____，2 kV 表示_____电压。

14. 某色环电容器上的色环依次为紫、黑、红，则该电容的标称容量是_____pF，即_____nF。

四、计算题

1. 三只电容器 $C_1 = C_2 = C_3 = 300$ μF，耐压均为 50 V，串联到电源电压 $U = 200$ V 的两端，求等效电容是多大？每只电容器两端的电压是多大？在此电压下电容器工作是否安全？

2. 有两只电容器 $C_1 = 30$ μF，耐压是 25 V，$C_2 = 60$ μF，耐压是 40 V，现将他们串联到 50 V 的直流电源上。试求：

（1）电路的等效电容；

（2）每只电容器的实际电压；

（3）这样连接是否安全？会发生什么情况？

3. 有两只电容器 $C_1 = 20$ μF，耐压是 25 V，$C_2 = 30$ μF，耐压是 40 V，现将他们并联到 20 V 的直流电源上。这两只电容器能正常工作吗？它们的实际带电荷量是多少？

单元练习

一、单项选择题

1. 把一个 10 cm^2 的矩形线圈放在 $B=0.2$ T 的匀强磁场中,且线圈面与磁场垂直,则穿过线圈的磁通是(　　)。

    A. 0   B. $2×10^{-4}$ Wb   C. 0.2 Wb   D. 2 Wb

2. 一根长 2 m 的直导线,通入 1 A 的电流,把它垂直放在 $B=0.2$ T 的匀强磁场中,导线受到的安培力是(　　)。

    A. 0   B. 0.2 N   C. 0.4 N   D. 2 N

3. 要使导体切割磁感线产生的感应电动势最大,则导体与磁力线的夹角 α 应为(　　)。

    A. 0°   B. 45°

    C. 90°   D. 180°

4. 下列关于磁感线的说法,不正确的是(　　)。

    A. 磁感线越密,磁场越强

    B. 磁感线总是由 N 极指向 S 极

    C. 磁感线是互不交叉的闭合曲线

    D. 磁感线上任意一点的切线方向就是该点磁场的方向

5. 两根平行且靠近的导线,一根通入直流,另一根没有电流,则它们之间(　　)。

    A. 互相吸引   B. 互相排斥

    C. 没有作用力   D. 条件不足无法判断

6. 两根平行且靠近的导线,通入同向直流电,则它们之间(　　)。

    A. 互相吸引   B. 互相排斥

    C. 没有作用力   D. 条件不足无法判断

7. 对电磁感应现象做了大量研究的物理学家是(　　)。

    A. 安培   B. 奥斯特

    C. 法拉第   D. 麦克斯韦

8. 当条形磁铁按下图所示方向从线圈中快速拔出时,下面说法正确的是(　　)。

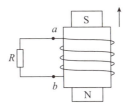

    A. R 的电流从 a 到 b,$V_a>V_b$ B. R 的电流从 b 到 a,$V_a<V_b$

    C. R 的电流从 b 到 a,$V_a>V_b$ D. R 的电流从 a 到 b,$V_a<V_b$

9. 如下图所示,磁场中有一导线 MN 与 U 形光滑的金属框组成闭合电路,当导线向右运动时,下列说法正确的是(   )。

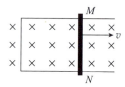

A. 电路中有顺时针方向的电流　　　　　B. 电路中有逆时针方向的电流

C. 电路中没有电流　　　　　　　　　　D. 无法判断电路中是否有电流

10. 判断线圈中由于磁通变化引起的感应电势的方向时,要用(   )。

A. 左手定则　　　　　　　　　　　　　B. 右手定则

C. 右手螺旋定则　　　　　　　　　　　D. 法拉第电磁定律

11. 有一变压器,原边接 220 V 交流电时,测得副边电压为 10 V,则该变压器的变压比是(   )。

A. 10　　　　　　B. 11　　　　　　C. 22　　　　　　D. 110

12. 制作一个变比为 20 的变压器,如果一次绕组绕制了 1000 匝线圈,则二次侧绕组应该绕(   )匝线圈。

A. 50　　　　　　B. 500　　　　　　C. 2000　　　　　　D. 20000

13. 一个额定电压为 220 V/55 V 的变压器,当二次侧接入 55 Ω 的电阻时,一次侧流过的电流大约是(   )。

A. 0.25 A　　　　　B. 1 A　　　　　C. 4 A　　　　　D. 10 A

14. 电感器标注中,常见的允许误差±20%一般用(   )符号表示。

A. J　　　　　　B. K　　　　　　C. M　　　　　　D. N

15. 一个标注有"500"的电感,其电感量为(   )。

A. 50 μH　　　　　　　　　　　　　B. 50 mH

C. 500 μH　　　　　　　　　　　　D. 500 mH

16. 如下图所示,将一个电感线圈、一个灯泡并联在直流电源上,下列说法不正确的是(   )。

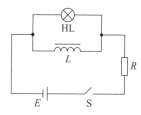

A. 开关合上瞬间,灯泡不能正常发光

B. 开关断开瞬间,灯泡立刻熄灭

C. 改变电阻值,灯泡的亮度有变化

D. 开关断开时,灯泡会很亮闪一下,再熄灭

17. 关于电容器和电容,以下说法正确的是(　　)。

A. 电容器带电荷量越多,它的电容就越大

B. 任何两个彼此绝缘又互相靠近的导体都可以看成是一个电容器

C. 电容器两极板电压越高,它的电容越大

D. 电源对平行板电容器充电后,电容器所带的电荷量与充电的电压无关

18. 电容器 C_1 和 C_2 串联后接在直流电路中,若 $C_1=3C_2$,则 C_1 两端的电压是 C_2 的(　　)。

A. 3 倍 　　　　　　 B. 9 倍 　　　　　　 C. 1/3 　　　　　　 D. 1/9

19.(2019 年学考真题)两个相同电容器串联之后的等效电容与它们并联之后的等效电容之比为(　　)。

A. 2:1 　　　　　　 B. 1:2 　　　　　　 C. 1:4 　　　　　　 D. 4:1

20. 两电容 C_1"0.25 μF,200 V"和 C_2"0.5 μF,300 V",串联后接到 450 V 的电源上,则(　　)。

A. 能正常使用 　　　　　　　　　　 B. 其中一只电容器击穿

C. 两只电容器均被击穿 　　　　　　 D. 无法判断

21.(2021 年学考真题)关于电容器在充电过程中电容器两端的电压和充电电流的变化。下列说法中正确的是(　　)。

A. 电压升高,电流减小 　　　　　　 B. 电压降低,电流减小

C. 电压升高,电流增大 　　　　　　 D. 电压降低,电流增大

22. 在下图所示电路中,电容器两端的电压 U_C 为(　　)。

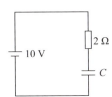

A. 0 V 　　　　　　 B. 5 V 　　　　　　 C. 9 V 　　　　　　 D. 10 V

23. 如下图所示,已知 $E=12$ V,$R_1=1$ Ω,$R_2=2$ Ω,$R_3=5$ Ω,那么电容 C 两端的电压是(　　)。

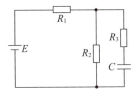

A. 0 V 　　　　　　 B. 4 V 　　　　　　 C. 8 V 　　　　　　 D. 12 V

24. 某瓷片电容上印字"30",则下列说法正确的是(　　)。

A. 电容为 30 μF 　　　　　　　　　 B. 电容为 30 pF

C. 电容为 30 nF 　　　　　　　　　 D. 耐压为 30 V

25. 某涤纶电容上印有"3 A103 J",则它的电容量是(　　)。

A. 3 pF 　　　　　　 B. 103 pF 　　　　　　 C. 10 nF 　　　　　　 D. 10 μF

二、判断题

1. 通电导体周围一定有磁场。 （　　）

2. 处于磁场中的通电导体一定会受到力的作用。 （　　）

3. 只要把线圈放在磁场中，线圈上就一定会产生感应电势。 （　　）

4. 磁感应强度 B 表示磁场中任意一点磁场的强弱和方向。 （　　）

5. (2021年学考真题)闭合回路的一部分导体在磁场中运动时，一定会产生感应电流。

（　　）

6. 通过一个线圈的电流越大，产生的磁场越强，穿过线圈的磁感线也越多。 （　　）

7. 楞次定律"增反减同"意味着，当闭合线圈中的磁通增大，感应电流的磁通与原磁通方向相反；反之，当磁通减小，感应电流的磁通与原磁通方向相同。 （　　）

8. 变压器严禁接入直流电，否则可能会烧坏。 （　　）

9. 手机充电器内的变压器可以将交流电直接变换成直流电给手机充电。 （　　）

10. 一个降压变压器，也可以作为升压变压器使用。 （　　）

11. 线圈匝数越少，它的电感值越大。 （　　）

12. 线圈中插入铁芯或硅钢，都会使电感值增大。 （　　）

13. 有铁芯的电感和空芯电感一样是线性电感。 （　　）

14. 变压器是利用线圈的互感原理工作的，电感元件在交流电路中的特性则是由于线圈的自感而引起的。 （　　）

15. 两个电容器，一个电容较大，另一个电容较小，如果它们所带的电荷量一样，那么电容较大的电容器两端的电压一定比电容较小的电容器两端的电压高。 （　　）

16. 两个电容器，一个电容较大，另一个电容较小，如果这两个电容器两端的电压相等，那么电容较大的电容器所带的电荷量一定比电容较小的电容器所带的电荷量大。 （　　）

17. 在电路中，几只电容器串联时，电荷量 Q 处处相等，每个电容器的电压与自身的电容成正比。 （　　）

18. 当一个电容器的电容量不够用，而其耐压符合要求时，则可将多个这样的电容器串联起来，再接到电路中使用。 （　　）

19. 一个耐压为 300 V 的电容，可以接在平均电压为 300 V 的交流电路中使用。

（　　）

20. 电解电容安装时，两只管脚没有区别，可以随意安装。 （　　）

三、填空题

1. 磁感线上每一点的_____方向就是该点的磁场方向。

2. 变化的磁场在导体中产生电动势的现象称为_____现象。

3. 根据楞次定律，当线圈中的磁通增加时，感应磁通与原磁通方向_____，当线圈中的磁通减小时，感应磁通与原磁通方向_____。

4. (2022年学考真题)感应电流产生的磁场方向，总是阻碍引起感应电流的磁通的变化，这是_____定律。

5. 手机充电器内的变压器是一个_____(升、降)压变压器。

6. 某变压器一次绕组为 1000 匝,二次绕组为 50 匝,则该变压器变比为_____。

7. 一个变流比为 10 的变压器,若副边测得电流为 500 mA,则原边电流应为_____A。

8. 电感和电容一样,都是_____元件,电感中储存的是_____能,电容中储存的是_____能。

9. 某电感器上标有"251M"字样,它的标称电感量是_____μH,误差是_____。

10.(2022 年学考真题)不同容量的电容器串联后接在电源上,各电容器的端电压与其电容量成_____比。

11. 某电容器上标有"104"字样,它的标称容量是_____pF,即_____μF。

12. 极性电容器的管脚一长一短,接高电位的是_____管脚,接低电位的为_____管脚。

13. 两个一样的电容器,串联使用,电容量变_____;并联使用,电容量变_____。

14. 两个 100 V/10 μF 的电容器,串联使用,电容量为_____μF,耐压为_____V;并联使用,电容量为_____μF,耐压为_____V。

四、计算题

1.(2019 年学考真题)在下图所示电路中,已知四只电容容量分别为 $C_1 = C_2 = 6$ μF,$C_3 = C_4 = 12$ μF。求:

(1) 当开关 S 断开时,AB 两端的等效电容是多少?

(2) 当开关 S 闭合时,AB 两端的等效电容是多少?

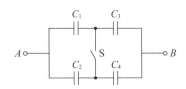

2. 三个 60 V/100 μF 的电容,并联接到 50 V 的电源两端。求:

(1) 等效电容为多少?

(2) 每个电容两端的实际电压是多少?

(3) 每个电容极板上的电荷量是多少?

(4) 电容器工作是否安全?

第一节　正弦交流电的基本概念

思维导图

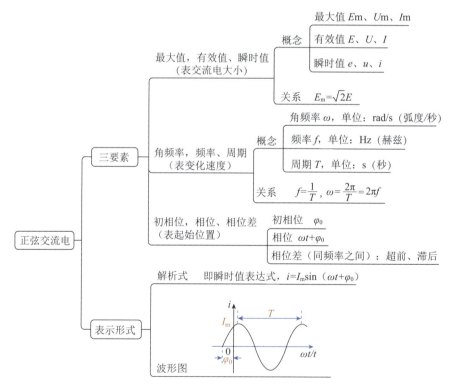

学习任务

1. 了解交流电与直流电的区别，了解交流电的优点；

2. 理解电流、电压、电动势正弦量解析式、波形图的表现形式及其对应关系；

3. 掌握正弦交流电的三要素；

4. 理解有效值、最大值的概念，掌握有效值、最大值之间的关系；

5. 理解频率、角频率和周期的概念，掌握频率、角频率和周期之间的关系；

6. 理解相位、初相位和相位差的概念，掌握相位、初相位和相位差之间的关系。

 **知识梳理**

一、交流电的概念

大小和方向都随时间的变化而变化的电流、电压或电动势称为交流电。图 4-1-1 所示是几种常见的交流电波形。

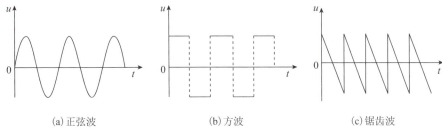

图 4-1-1　交流电的类型

图 4-1-1(a)所示的电压信号，其大小和方向都随时间按正弦规律变化，这样的交流电称为正弦交流电。

与直流电相比，正弦交流电在产生、输送和使用方面具有以下优点：

① 正弦交流电可以用变压器改变其电压，促进电能高效利用，便于远距离输电；也可以用整流装置将其变换成所需的直流电。

② 正弦交流电的电压和频率可以根据需要进行调节，以满足不同用电设备的需求。

③ 正弦交流电在电力系统中易于维持稳定，有利于电网的电压和频率调节，确保供电质量。

二、正弦交流电的物理量

1. 最大值、有效值、瞬时值

（1）最大值

正弦交流电变化过程中所达到的极值称为最大值，又称峰值、幅值、振幅，用 E_m、U_m、I_m 表示。在图 4-1-2 中，I_m 是电流的最大值。

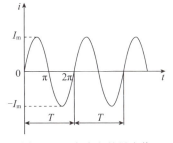

图 4-1-2　交流电的最大值

（2）有效值

正弦交流电是随时间变化的电量，不便于直接计算和测量；直流电是恒定电量，计算测量方便。因此，通常从做功的角度进行等效来测量交流电：一个直流电流与一个交流电流分别通过阻值相等的电阻，如果通电的时间相等，电阻上产生的热量也相等，即它们的热效应相同。此时，这个直流电流的数值就叫做这个正弦交流电流的有效值,记作 I。同理,正弦交流电动势的有效值记作 E,正弦交流电压的有效值记作 U。

有效值与最大值之间有密切关系,最大值是有效值的 $\sqrt{2}$ 倍,即

$$E_{\mathrm{m}}=\sqrt{2}E \qquad U_{\mathrm{m}}=\sqrt{2}U \qquad I_{\mathrm{m}}=\sqrt{2}I$$

通常情况下,电工仪表测量的交流电数值均为有效值。普通照明用电电压为 220 V,220 V 也是有效值。

（3）瞬时值

随时间变化的正弦交流电在任一时刻的数值称为正弦交流电的瞬时值。瞬时值用小写字母 i、u、e 表示。瞬时值可能为正、负或零。

正弦交流电流瞬时值的表达式可写为

$$i=I_{\mathrm{m}}\sin(\omega t+\varphi_0)$$

2. 周期、频率、角频率

（1）周期

正弦交流电完成一次周期性变化所用的时间,称为周期,用符号 T 表示,单位是秒（s）。

（2）频率

交流电在单位时间（1 s）内完成周期性变化的次数,称为频率,用符号 f 表示,单位是赫兹（Hz）。

（3）角频率

单位时间内正弦交流电变化的电角度,称为角频率,用符号 ω 表示,单位是弧度/秒（rad/s）。

（4）频率、周期、角频率之间的关系

$$T=\frac{1}{f} \qquad f=\frac{1}{T} \qquad \omega=\frac{2\pi}{T}=2\pi f$$

我国电力工业的标准频率为 50 Hz,常称工频,其对应的角频率为 314 rad/s,周期为 0.02 s。

3. 相位、初相位、相位差

（1）相位

在 t 时刻,正弦交流电随时间变化的电角度（$\omega t+\varphi_0$）,叫作交流电的相位或相位角。

（2）初相位

交流电在 $t=0$ 时的相位 φ_0,叫作交流电的初相位,简称初相。初相可正可负,如图4-1-3所示,图（a）初相为零,图（b）初相为正,图（c）初相为负。习惯上约定初相位的绝对值不大于 $180°$。

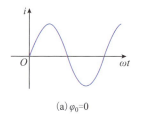
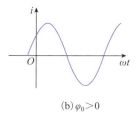
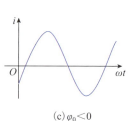

(a)$\varphi_0=0$ (b)$\varphi_0>0$ (c)$\varphi_0<0$

图 4-1-3 初相位的正负

（4）相位差

两个同频率的正弦交流电,任一瞬间的相位之差,叫作相位差,相位差与时间无关,是一个常数,即

$$\varphi_{12}=\varphi_{01}-\varphi_{02}$$

与初相相同,通常约定相位差$|\varphi_{12}|\leqslant180°$。两个同频率的正弦交流电之间的相位关系有超前、滞后、同相、反相和正交五种情况。图 4-1-4 所示为两个交流电流的波形图,当$\varphi_{12}>0$时,称i_1超前i_2,或i_2滞后i_1,波形关系如图 4-1-4(a)所示;当$\varphi_{12}=0$时,称i_1与i_2同相,如图 4-1-4(b)所示;当$\varphi_{12}=180°$时,称i_1与i_2反相,如图 4-1-4(c)所示;当$\varphi_{12}=90°$时,称i_1与i_2正交,如图 4-1-4(d)所示。

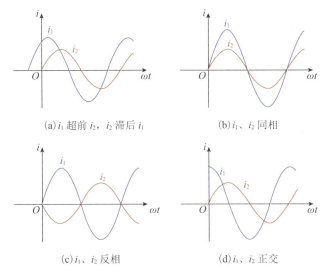

(a)i_1超前i_2,i_2滞后i_1 (b)i_1、i_2同相

(c)i_1、i_2反相   (d)i_1、i_2正交

图 4-1-4 两个同频率正弦量的相位关系

注意:两个不同频率的正弦交流电,不存在相位差的概念。

正弦交流电的最大值(或有效值)、角频率(或频率、周期)和初相位是表征正弦交流电的三个重要的物理量。有了这三个量,就可以确定一个唯一的正弦交流电。因此,常把最大值、角频率和初相位合称为正弦交流电的三要素。

三、正弦交流电的表示方法

1. 解析式表示法

用正弦函数式表示正弦交流电随时间变化的关系的方法,称为解析式表示法。正弦交流电的瞬时值表达式就是交流电的解析式,其表达方式为

$$瞬时值=最大值·\sin(角频率·t+初相位)$$

电动势、电流、电压的解析式分别为

$$e=E_{m}\sin(\omega t+\varphi_0)$$

$$i=I_{m}\sin(\omega t+\varphi_0)$$

$$u=U_{m}\sin(\omega t+\varphi_0)$$

2. 波形图表示法

用正弦曲线表示正弦交流电随时间变化关系的方法,称为波形图表示法,简称波形图。如图 4-1-5 所示,横坐标表示电角度 ωt 或时间 t,纵坐标表示随时间变化的电流、电压或电动势的瞬时值,该波形图对应的解析式为 $i = I_m \sin(\omega t + \varphi_0)$。

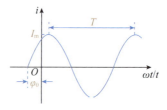

图 4-1-5　交流电的波形图表示法

例 4.1.1　正弦交流电波形如图 4-1-6 所示,写出对应的解析式。

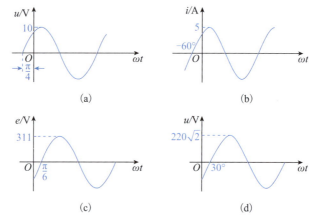

图 4-1-6　例 4.1.1 图

解: 图 4-1-6(a),$u = 10 \sin\left(\omega t + \dfrac{\pi}{4}\right)$ V;

图 4-1-6(b),$i = 5 \sin(\omega t + 60°)$ A;

图 4-1-6(c),$e = 311 \sin\left(\omega t - \dfrac{\pi}{6}\right)$ V;

图 4-1-6(d),$u = 220\sqrt{2} \sin(\omega t - 30°) = 311 \sin(\omega t - 30°)$ V。

📘 强化训练

一、单项选择题

1. 工业交流电的电压为 220 V,则该交流电压的最大值为(　　)。

A. 311 V　　　　　　B. 380 V　　　　　　C. 220 V　　　　　　D. 200 V

2. 用电器铭牌上标注的额定电压是指(　　)。

A. 最大值　　　　　B. 平均值　　　　　C. 有效值　　　　　D. 瞬时值

3. 通常所说的 380 V 的动力电压为(　　)。

A. 瞬时值　　　　　B. 有效值　　　　　C. 最大值　　　　　D. 都不是

4. (2021年学考真题)用万用表测量正弦交流电压,其测量结果是( )。

A. 平均值   B. 瞬时值   C. 最大值   D. 有效值

5. (2021年学考真题)已知某电压解析式为 $u=50\sin\left(68t-\dfrac{\pi}{3}\right)$ V,其电压最大值为( )。

A. 50 V   B. 68 V   C. $50\sqrt{2}$ V   D. 100 V

6. 正弦交流电的有效值等于最大值的( )倍。

A. $\dfrac{1}{2}$ B. $\dfrac{1}{3}$ C. $\dfrac{1}{\sqrt{2}}$ D. $\dfrac{1}{\sqrt{3}}$

7. (2021年学考真题)已知电压解析式为 $u=110\sqrt{2}\sin\left(200\pi t-\dfrac{\pi}{6}\right)$ V,其电压有效值为( )。

A. 110 V   B. $110\sqrt{2}$ V   C. 200 V   D. $200\sqrt{2}$ V

8. (2019年学考真题)我国民用交流电的频率是( )。

A. 25 Hz   B. 50 Hz   C. 60 Hz   D. 220 Hz

9. (2019年学考真题)正弦交流电 e 在 1 s 内变化的周数,等于正弦交流电 e 的( )。

A. 频率   B. 周期   C. 角频率   D. 相位

10. (2021年学考真题)已知电流解析式为 $i=300\sin\left(200\pi t-\dfrac{\pi}{4}\right)$ A,其电流频率是( )。

A. 50 Hz   B. 60 Hz   C. 100 Hz   D. 200 Hz

11. (2021年学考真题)已知正弦交流电的角频率为 100π rad/s,则该交流电的周期为( )。

A. 50 Hz   B. 100 Hz   C. 0.01 s   D. 0.02 s

12. (2022年学考真题)已知电流解析式为 $i=I_{\mathrm{m}}\sin(\omega t+\varphi)$,其中 ω 和 φ 分别表示( )。

A. 频率和相位   B. 频率和初相位
C. 角频率和相位   D. 角频率和初相位

13. (2019年学考真题)正弦交流电的解析式 $e=220\sin(314t+30°)$ V,式中 $(314t+30°)$ 为正弦交流电 e 的( )。

A. 相位   B. 初相位
C. 角频率   D. 频率

14. 已知交流电流解析式为 $i=I_{\mathrm{m}}\sin(\omega t-160°)$ A,则其初相位为( )。

A. $-160°$ B. $160°$
C. $20°$ D. $-20°$

15. (2021年学考真题)两个同频率正弦交流电,u_1 初相位为 $35°$,u_2 初相位为 $15°$,下列说法中正确的是( )。

A. u_1 超前 u_2 $20°$ B. u_1 滞后 u_2 $20°$
C. u_1 超前 u_2 $50°$ D. u_1 滞后 u_2 $50°$

16. 已知交流电压解析式为 $u=U_m\sin(\omega t-150°)$ V,交流电流解析式为 $i=I_m\sin(\omega t-120°)$ A,对电压与电流相位关系,下列说法中正确的是(　　)。

　　A. 电压与电流反相　　　　　　　　　　B. 电压超前电流90°

　　C. 电压滞后电流30°　　　　　　　　　　D. 电压超前电流30°

17. 有两个正弦交流电压,解析式分别为 $u_1=200\sin(200\pi t+30°)$ V, $u_2=100\sin(200\pi t+90°)$ V,则(　　)。

　　A. u_1 滞后 u_2 150°　　　　　　　　　B. u_1 超前 u_2 60°

　　C. u_1 滞后 u_2 60°　　　　　　　　　D. u_1 超前 u_2 90°

18. 两个同频率的正弦交流电的相位差等于180°时,它们的相位关系是(　　)。

　　A. 相等　　　　　　　　　　　　　　　　B. 反相

　　C. 同相　　　　　　　　　　　　　　　　D. 正交

19.(2022年学考真题)两个同频率的正弦交流电同相,这两个正弦交流电的相位差为(　　)。

　　A. 0°　　　　　　　　　　　　　　　　　B. 60°

　　C. 90°　　　　　　　　　　　　　　　　D. 180°

20. 两个电流的解析式分别为 $i_1=30\sqrt{2}\sin\left(100\pi t+\dfrac{\pi}{3}\right)$ A, $i_2=30\sin\left(100\pi t+\dfrac{\pi}{4}\right)$ A,这两个电流相同的量是(　　)。

　　A. 最大值　　　　　　　　　　　　　　　B. 有效值

　　C. 周期　　　　　　　　　　　　　　　　D. 初相位

21. 下图所示波形图,电流的解析式为(　　)。

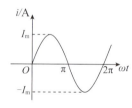

　　A. $i=I_m\sin\omega t$ A　　　　　　　　　B. $i=I_m\sin(2\omega t+30°)$ A

　　C. $i=I_m\sin(\omega t+180°)$ A　　　　　D. $i=I_m\sin(\omega t+360°)$ A

22. 下图所示波形图,电压的解析式为(　　)。

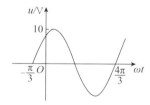

　　A. $u=10\sin(\omega t-60°)$ V　　　　　　B. $u=10\sin(\omega t+60°)$ V

　　C. $u=10\sin(\omega t+120°)$ V　　　　　D. $u=10\sin(\omega t-120°)$ V

23. 下图所示波形图,电动势的解析式为( )。

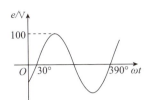

A. $e=100\sin(\omega t-60°)$ V

B. $e=100\sin(\omega t-30°)$ V

C. $e=100\sin(\omega t+60°)$ V

D. $e=100\sin(\omega t+30°)$ V

二、判断题

1. 交流电与直流电相比,更易获得。 ( )

2. (2022 年学考真题)正弦交流电的周期越长,说明交流电变化的速度越快。 ( )

3. (2019 年学考真题)交流电气设备铭牌上所标注的额定电压值是指该设备所使用的交流电压的最大值。 ( )

4. (2019 年学考真题)正弦交流电的瞬时值、有效值、最大值都不随时间变化而变化。 ( )

5. (2022 年学考真题)正弦交流电的三要素是瞬时值、角频率及相位。 ( )

6. 正弦交流电变化一周,就相当于变化了 180°。 ( )

7. 用交流电压表测得某正弦交流电压是 220 V,则 220 V 是该交流电压的最大值。 ( )

8. 一只额定电压为 220 V 的白炽灯,可以接在最大值为 311 V 的正弦交流电源上。 ( )

9. 在交流电路中,若 $u=10\sin(50\pi t-30°)$ V,则它的频率 $f=50$ Hz。 ( )

10. 正弦交流电的有效值等于最大值的 $\sqrt{2}$ 倍。 ( )

11. 正弦交流电的周期和角频率没有关系。 ( )

12. (2021 年学考真题)正弦交流电的周期与其频率成反比。 ( )

13. (2021 年学考真题)正弦交流电的初相位与计时起点有关。 ( )

14. (2021 年学考真题)正弦交流电的角频率不随时间变化而变化。 ( )

15. (2021 年学考真题)正弦交流电的频率是指交流电每秒钟周期性变化的次数。 ( )

16. (2022 年学考真题)两个同频率正弦交流电的相位差就是它们的初相位差。 ( )

17. (2021 年学考真题)两个不同频率的正弦交流电相位差无参考意义。 ( )

18. 交流电的相位差,是指两个频率相等的正弦交流电相位之差,相位差实际上说明两交流电在时间上超前或滞后的关系。 ( )

19. $u_1=5\sin(100\pi t+120°)$ V,$u_2=10\sin(100\pi t+80°)$ V,则 u_1、u_2 的相位关系为 u_1 超前 u_2。 ( )

20. 两个正弦交流电相位差是 $\dfrac{\pi}{2}$,则说明这两个正弦交流电正交。 ( )

三、填空题

1. 写出下列正弦交流电有关物理量的符号和相应的国际单位名称和符号。

物理量名称	周期	频率	角频率	相位	初相
物理量符号					
国际单位名称					
国际单位符号					

2. _____ 和 _____ 都随时间做周期性变化的电流、电压和电动势统称为交流电。随时间按正弦规律变化的交流电,称为_____ 交流电。

3.(2022 年学考真题)正弦交流电变化一周所需要的时间称为_____。

4. 频率和周期之间的关系为 $T=$ _____,它们与角频率之间的关系式为 $\omega=$ _____ = _____。

5. 我国交流电的频率为_____,周期为_____,角频率为_____。

6. 某正弦交流电压在 10 s 的时间内变化了两周,则它的周期 $T=$ _____,频率 $f=$ _____,角频率 $\omega=$ _____。

7. 已知正弦交流电压 $u=20\sin(314t+30°)$ V,则该电压的有效值 $U=$ _____ V,最大值 $U_m=$ _____ V,角频率为_____ rad/s,初相位为_____。

8. 用交流电压表测得交流电压的数值是_____。

9. 正弦交流电的最大值是有效值的_____倍。

10.(2019 年学考真题)正弦交流电压的有效值为 110 V,最大值为_____V。

11.(2019 年学考真题)正弦交流量的三要素是指_____、角频率和_____。

12.(2022 年学考真题)已知正弦交流电 $u=220\sqrt{2}\sin(100\pi t+30°)$ V,其初相位为_____。

13.(2022 年学考真题)两个相同频率的正弦交流电反相,它们的相位差为_____。

14. 交流电在 1 s 内完成周期性变化的次数叫作交流电的_____,国际单位是_____。完成一次周期性变化所用的时间叫作交流电的_____,国际单位是_____。角频率是指交流电在单位时间内变化的_____。交流电在某一时刻的大小称为交流电的_____。

15. 已知某正弦交流电流的最大值 $I_m=10$ A,频率 $f=50$ Hz,初相 $\varphi=-\dfrac{\pi}{3}$,则有效值 $I=$ _____,角频率 $\omega=$ _____,周期 $T=$ _____,解析式为 $i=$ _____。

16. 正弦交流电动势的瞬时值表达式为 $e=100\sin\left(200\pi t-\dfrac{\pi}{6}\right)$ V,其中 e 表示_____,单位是_____。电动势的最大值 $E_m=$ _____,初相位 $\varphi=$ _____,角频率 $\omega=$ _____。

17.(2021 年学考真题)已知正弦交流电流 $i=20\sqrt{2}\sin(314t+43°)$ A,则电流有效值为_____A。

18. 正弦交流电流的瞬时值表达式为 $i=10\sin(314t+60°)$ A,其中 i 表示_____,

单位是_____。电流的最大值 $I_m=$ _____ A,角频率 $\omega=$ _____ rad/s,初相位 $\varphi=$ _____。

19. 两正弦交流电流的解析式是: $i_1=30\sin(100\pi t+60°)$ A, $i_2=5\sin(100\pi t-60°)$ A,在这两个式子中,两个交流电流相同的量是_____。

20. 在某交流电路中,电源电压 $u_1=220\sin(100\pi t-60°)$ V, $u_2=110\sin(100\pi t+60°)$ V。则两电压之间的相位差为_____,在相位上 u_1 _____ u_2 _____。

21. (2021年学考真题)两个同频率的正弦交流电相位差为180°,则称它们_____相。

22. 某正弦交流电流 $i=60\sin\left(200\pi t+\dfrac{\pi}{4}\right)$ A,则它的最大值 $I_m=$ _____ A,角频率 $\omega=$ _____ rad/s,周期 $T=$ _____ s,有效值 $I=$ _____ A,初相位 $\varphi=$ _____。

23. 正弦交流电的表示方法有_____、_____和相量图。

24. 下图所示是正弦交流电流的波形图,周期是 0.02 s,则初相位是_____,电流的最大值是_____。

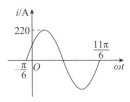

四、计算题

(2019年学考真题)已知某正弦交流电的解析式为 $u=220\sqrt{2}\sin(100\pi t+60°)$ V。求:

(1)最大值 U_m。

(2)有效值 U。

(3)角频率 ω。

(4)频率 f。

(5)周期 T。

第二节　纯电阻电路

**思维导图**

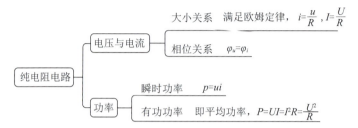

**学习任务**

1. 掌握纯电阻电路的电压与电流的关系；
2. 理解有功功率的概念。

**知识梳理**

在交流电路中，只含有电阻，而没有电感和电容的电路称为纯电阻电路，如图 4-2-1 所示。

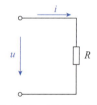

图 4-2-1　纯电阻电路

一、电流与电压的关系

设加在纯电阻两端的电压为 $u=U_m\sin(\omega t)$，根据欧姆定律，有

$$i=\frac{u}{R}$$

则电流解析式为：

$$i=\frac{U_m}{R}\sin(\omega t)=I_m\sin(\omega t)$$

式中

$$I_m=\frac{U_m}{R}$$

等式两边同除以$\sqrt{2}$，有

$$I=\frac{U}{R}$$

由以上分析，可得出结论：

① 纯电阻电路中，电阻上电流与电压的瞬时值、最大值、有效值关系都满足欧姆定律。

② 纯电阻电路中，电阻上的电流与电压同相位，即它们的初相角相等，$\varphi_{ui}=\varphi_u-\varphi_i=0$。

因此，在纯电阻电路中，电流 i 和电压 u 的波形图如图 4-2-2 所示。

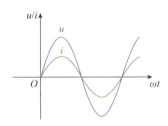

图 4-2-2　纯电阻电路的电压、电流波形

二、功率

（1）瞬时功率

在纯电阻正弦交流电路中，电压和电流都是瞬时变化的，某一瞬间的电压与电流的瞬时值的乘积称为瞬时功率，用符号 p 表示，即

$$p=ui$$

设 $\varphi_u=\varphi_i=0$，带入以上瞬时功率表达式，可得

$$p=ui=\sqrt{2}\,U\sin(\omega t)\times\sqrt{2}\,I\sin(\omega t)=2UI\,\sin^2(\omega t)=UI\left[1-\cos(2\omega t)\right]$$

可见，由于 $|\cos(2\omega t)|\leqslant1$，故电阻的瞬时功率总是正值。这说明交流电路中的电阻也始终在消耗电能，和直流电路中一样。因此，电阻是一种耗能元件。

（2）有功功率

实际中，通常用瞬时功率在一个周期内的平均值来衡量纯电阻电路的功率大小，这个平均值称为平均功率。它是电路中实际消耗的功率，又称有功功率，用符号 P 表示，单位瓦特（W），简称瓦。平时说某白炽灯的功率为 40 W、某电阻的功率是 1 kW，指的都是有功功率。

有功功率的计算公式为

$$P=UI=I^2R=\frac{U^2}{R}$$

例 4.2.1　有一个阻值为 1 kΩ 的白炽灯，接到 $u=220\sqrt{2}\sin(\omega t+30°)$ V 的交流电源上，求：（1）白炽灯上的电流的有效值和解析式；（2）白炽灯消耗的功率。

解：（1）由已知可得，电压有效值 $U=220$ V，

则电流有效值 $I=\dfrac{U}{R}=\dfrac{220}{1000}=0.22$（A），

电流的解析式 $i=0.22\sqrt{2}\sin(\omega t+30°)$ A。

（2）白炽灯消耗功率 $P=UI=220\times0.22=48.4(W)$。

强化训练

一、单项选择题

1. 在纯电阻交流电路中,下列说法中正确的是(　　)。

A. 电流和电压同相　　　　　　　　　　　B. 电流和电压正交

C. 电流和电压反相　　　　　　　　　　　D. 电流和电压的相位没有关系

2. 在纯电阻交流电路中,计算电流的公式是(　　)。

A. $i=\dfrac{U}{R}$　　　　　B. $i=\dfrac{U_m}{R}$　　　　　C. $I=\dfrac{U_m}{R}$　　　　　D. $I=\dfrac{U}{R}$

3. 纯电阻交流电路,已知电流的初相位为 $-60°$,则电压的初相位为(　　)。

A. $-30°$　　　　　　　B. $-60°$　　　　　　　C. $30°$　　　　　　　D. $60°$

4. 在纯电阻交流电路中,下列说法正确的是(　　)。

A. 电压超前电流 $90°$　　　　　　　　　　B. 电压滞后电流 $90°$

C. 电压和电流同相位　　　　　　　　　　D. 电压和电流相位差为 $180°$

5. 在正弦交流纯电阻电路中,下列各式不正确的是(　　)。

A. $u=iR$　　　　　　　　　　　　　　　B. $u=IR$

C. $U=IR$　　　　　　　　　　　　　　　D. $U_m=I_mR$

6. 当 $i=6\sin\left(314t+\dfrac{\pi}{6}\right)$ A 的电流流过 $2\ \Omega$ 电阻时,电路中的电压有效值是(　　)。

A. 12 V　　　　　　　B. 3 V　　　　　　　C. $6\sqrt{2}$ V　　　　　　　D. $12\sqrt{2}$ V

7. 已知一个 $55\ \Omega$ 电阻上的电压为 $u=220\sqrt{2}\sin100\pi t$ V,则流过电阻的电流为(　　)。

A. 4 A　　　　　　　B. $4\sqrt{2}$ A　　　　　　　C. 110 A　　　　　　　D. $110\sqrt{2}$ A

8. 通常所说的用电器的功率,如 40 W 的白炽灯、75 W 的电烙铁等,都是(　　)。

A. 无功功率　　　　　　　　　　　　　　B. 有功功率

C. 视在功率　　　　　　　　　　　　　　D. 瞬时功率

9. 将最大值为 311 V 的正弦交流电压加到电阻值为 $20\ \Omega$ 的电阻器两端,则电阻两端电压和流过电阻的电流分别是(　　)。

A. $U_m=220$ V,$I=11$ A　　　　　　　　B. $U=220$ V,$I=11$ A

C. $U_m=220$ V,$I_m=11$ A　　　　　　　D. $U=220$ V,$I_m=11$ A

10. 当 $i=4\sin\left(314t+\dfrac{\pi}{3}\right)$ A 的电流流过 $4\ \Omega$ 电阻时,电阻上消耗的功率是(　　)。

A. 32 W　　　　　　　B. 8 W　　　　　　　C. 16 W　　　　　　　D. 10 W

11. 若某元件两端的电压 $u=50\sin(314t-30°)$ V,电流 $i=\sin(314t-30°)$ A,则该元件是(　　)。

A. 电阻　　　　　B. 电感　　　　　C. 电容　　　　　D. 无法判断

二、判断题

1. 电阻是耗能元件,它只消耗有功功率。　　　　　　　　　　　　　　　　(　　)

2. 纯电阻交流电路的电压超前电流 90°。 （ ）

3. 纯电阻正弦交流电路的平均功率就是有功功率,它的单位是 W。 （ ）

4. 纯电阻单相正弦交流电路中的电压与电流,其瞬时值、有效值都遵循欧姆定律。

（ ）

5. 在纯电阻正弦电路中,$R=10\ \Omega$,若 $u=100\sin(100\pi t-30°)$ V,则 $i=10\sin(100\pi t-30°)$ A。 （ ）

6. (2019 年学考真题)在纯电阻交流电路中,端电压和端电流的相位差为零。 （ ）

7. 单相正弦交流最大值 U_m 为 10 V 的电源,加在 5 Ω 的电阻上,则电阻的功率为 20 W。

（ ）

8. 单相正弦交流纯电阻电路,已知电源电压为 220 V,测得电路的电流为 5 A,则电路电阻为 44 Ω。 （ ）

9. 单相正弦交流纯电阻电路,电路的瞬时功率总是大于等于 0。 （ ）

10. 单相正弦交流纯电阻电路,已知电阻为 10 Ω,测得电流为 5 A,则电路的平均功率为 50 W。 （ ）

三、填空题

1. 正弦交流电压 $u=220\sqrt{2}\sin(314t-60°)$ V,将它加在 100 Ω 电阻两端,则通过电阻的电流瞬时值表达式为 _____。

2. 在纯电阻电路中两端电压与流过电流的 _____ 值、_____ 值及 _____ 值均遵循欧姆定律。

3. 一电阻 $R=5\ \Omega$,接于电源电压 $u=10\sqrt{2}\sin(100\pi t+30°)$ V,如用电流表测量通过该电阻的电流,则该电流表的读数为 _____。

4. 在正弦交流电路中,关于功率的说法是这样的:某一 _____ 的功率,叫作瞬时功率,用 p 表示;瞬时功率在一个周期内的 _____ 值,叫作平均功率,又称为 _____,用 P 表示。

5. 纯电阻正弦交流电路中,电压有效值与电流有效值之间的关系为 _____,电压与电流在相位上的关系为 _____,有功功率为 $P=$ _____。

6. 将一个阻值为 10 Ω 的电阻器接到 $u=220\sqrt{2}\sin(314t-60°)$ V 的交流电源上,则通过电阻的电流大小为 _____,电阻消耗的功率为 _____。

7. 已知有 $i=6\sin(314t+60°)$ A 的交流电流通过 $R=4\ \Omega$ 的电阻,则电阻上电压的数学表达式 $u=$ _____,消耗的功率 $P=$ _____。

四、计算题

1. 在一个 10 Ω 电阻两端加上电压 $u=311\sin(314t)$ V,求:

(1) 通过电阻的电流为多少? 写出电流的解析式;

(2) 电阻消耗的功率是多少?

2. 把一个阻值为 11 Ω 的电阻接到 $u=311\sin(100\pi t-60°)$ V 的交流电源上。求：

    （1）电路中的电流；

    （2）电流的解析式；

    （3）电阻所消耗的功率。

3. 将"220 V、40 W"的电烙铁，接在交流电压 $u=311\sin(314t)$ V 的电源上。求：

    （1）电烙铁的电阻和通过电烙铁的电流；

    （2）若将这电烙铁接在 110 V 的交流电源上，它实际的电流是多少？ 实际消耗的功率是多少？

第三节 纯电感电路

 **思维导图**

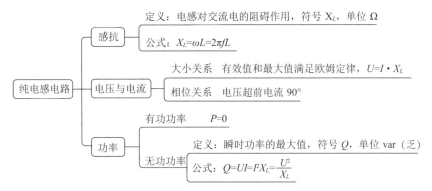

 **学习任务**

1. 理解电感对交流电的阻碍作用;
2. 理解感抗的概念,掌握感抗与频率的关系;
3. 掌握纯电感电路电压与电流的关系;
4. 理解无功功率的概念。

 **知识梳理**

在交流电路中,如果用电感线圈做负载,且线圈的内阻忽略不计时,这个电路就称为纯电感电路,如图 4-3-1 所示。

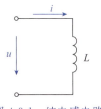

图 4-3-1 纯电感电路

一、感抗

当正弦交流电通过电感线圈时,电感线圈中必然产生自感电势,阻碍电流的变化。电感线圈对交流电的阻碍作用称为感抗,用符号 X_L 表示,单位是欧姆(Ω)。

研究表明,感抗的大小与电源频率及线圈自身的电感成正比,即

$$X_L = \omega L = 2\pi f L$$

可见,电源频率越高,电感感抗越大,所以电感具有"通直流,阻交流,通低频,阻高频"的作用。

二、电流与电压的关系

① 在纯电感电路中,电压与电流的最大值关系、有效值关系均符合欧姆定律,但瞬时值关系不符合欧姆定律,即

$$I = \frac{U}{X_L} \qquad I_m = \frac{U_m}{X_L}$$

② 在纯电感电路中,电压超前电流 $90°$,或者说电流滞后电压 $90°$,即

$$\varphi_{ui} = \varphi_u - \varphi_i = 90°$$

若 $i = I_m \sin(\omega t)$,则 $u = U_m \sin(\omega t + 90°)$;若 $u = U_m \sin(\omega t)$,则 $i = I_m \sin(\omega t - 90°)$。

因此,在纯电感电路中,电流 i 和电压 u 的波形图如图 4-3-2 所示。

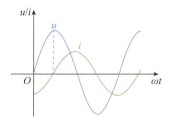

图 4-3-2　纯电感电路的电压、电流波形图

三、功率

1. 瞬时功率

电感上的电压与电流的瞬时值的乘积称为瞬时功率,用 p 表示。

$$p = ui = \sqrt{2}U\sin(\omega t) \times \sqrt{2}I\sin(\omega t - 90°) = 2UI\sin(\omega t)\cos(\omega t) = UI\sin(2\omega t)$$

可见,纯电感电路的瞬时功率也是作正弦规律变化。瞬时功率为正时,电感从电源吸收能量并储存;瞬时功率为负时,电感释放出能量。它在一个周期内的平均值为零,说明电感本身并不消耗电能,它只与电源交换能量。因此,电感是一个储能元件。

2. 有功功率

既然电感是储能元件,不消耗电能,因此,其有功功率为零,即 $P = 0$。

3. 无功功率

瞬时功率的最大值称为无功功率,用符号 Q 表示,单位是乏(var),计算公式为

$$Q = UI = I^2 X_L = \frac{U^2}{X_L}$$

注意:无功功率中的"无功"含义是交换、占有,而不是消耗,更不能理解为"无用"。

例 4.3.1　有一个 $10 \ mH$ 的电感,接到 $u = 10\sqrt{2}\sin(314t + 30°)\text{V}$ 的交流电源上,试求:

(1)电感的感抗;

（2）电感电流 I；

（3）电感电流 i 的解析式；

（4）电路的有功功率和无功功率。

解：（1）感抗 $X_L = \omega L = 314 \times 10 \times 10^{-3} = 3.14(\Omega)$。

（2）电流有效值 $I = \dfrac{U}{X_L} = \dfrac{10}{3.14} \approx 3.18(A)$。

（3）因为 $\varphi_i = \varphi_u - 90° = 30° - 90° = -60°$，

所以电流解析式 $i = 3.18\sqrt{2}\sin(314t - 60°)\ A$。

（4）电路有功功率 $P = 0$，

电路无功功率 $Q = UI = 10 \times 3.18 = 31.8(var)$。

 强化训练

一、单项选择题

1.（2021 年学考真题）电感的特性是（　　）。

A. 隔直流、通交流　　　　　　　　　　B. 通直流、阻交流

C. 交直流都不通　　　　　　　　　　　D. 交直流都通

2. 某线圈的电感为 2H，电流的频率为 $f = 100\ Hz$，则线圈的感抗为（　　）。

A. 628 Ω　　　　　　　　　　　　　　　B. 400 Ω

C. 1256 Ω　　　　　　　　　　　　　　D. 200 Ω

3.（2019 年学考真题）已知电感 $L = 100\ mH$，当通过的交流电的频率是 50 Hz 时，电感的感抗是（　　）。

A. 31.4 Ω　　　　　B. 3.14 kΩ　　　　　C. 5 kΩ　　　　　D. 31.4 kΩ

4. 一只电感线圈接到 $f = 50\ Hz$ 的交流电路中，感抗 $X_L = 100\ \Omega$，若改接到 200 Hz 的电源时，则感抗为（　　）。

A. 300 Ω　　　　　　　　　　　　　　　B. 100 Ω

C. 200 Ω　　　　　　　　　　　　　　　D. 400 Ω

5. 纯电感电路的感抗与电路的频率（　　）。

A. 成反比　　　　　　　　　　　　　　B. 成反比或正比

C. 成正比　　　　　　　　　　　　　　D. 无关

6. 关于线圈的感抗 X_L，下列说法正确的是（　　）。

A. 频率 f 越高，X_L 越小，自感系数 L 越大，X_L 越大

B. 频率 f 越高，X_L 越小，自感系数 L 越大，X_L 越小

C. 频率 f 越高，X_L 越大，自感系数 L 越大，X_L 越小

D. 频率 f 越高，X_L 越大，自感系数 L 越大，X_L 越大

7. 在交流纯电感电路中，下列各式正确的是（　　）。

A. $i = \dfrac{u}{X_L}$　　　　　　B. $i = \dfrac{u}{\omega L}$　　　　　　C. $I = \dfrac{U}{L}$　　　　　　D. $I = \dfrac{U}{\omega L}$

8. 在电感相同的两个线圈上分别加大小相同的电压,当所加电压频率不同时,则两线圈电流(   )。

A. 相同   B. 不同   C. 变化   D. 无法确定

9. 在纯电感交流电路中,计算电流的公式为(   )。

A. $i=\dfrac{U}{L}$ B. $I_m=\dfrac{U}{\omega L}$ C. $I=\dfrac{U}{\omega L}$ D. $i=\dfrac{u}{\omega L}$

10. 在纯电感交流电路中,下列说法正确的是(   )。

A. 电流超前电压90°   B. 电流和电压同相

C. 电压超前电流90°   D. 电流和电压反相

11. 在纯电感交流电路中,已知电流的初相角为$-\dfrac{\pi}{3}$,则电压的初相角为(   )。

A. $-\dfrac{\pi}{3}$ B. $\dfrac{\pi}{3}$ C. $\dfrac{\pi}{6}$ D. $-\dfrac{\pi}{6}$

12. 已知交流纯电感电路中,电流的初相位为$-30°$,其电压的初相位应该为(   )。

A. 60°   B. 30°   C. 90°   D. 120°

13. 在纯电感交流电路中,已知加在电感两端电压的初相为45°,则通过电感的电流的初相为(   )。

A. 135°   B. $-45°$ C. 0°   D. 145°

14. 在纯电感交流电路中,已知感抗 $X_L=4\ \Omega$,当电流 $i=\sqrt{2}\sin(314t+30°)$ A 时,电压为(   )。

A. $u=4\sqrt{2}\sin(314t+30°)$ V   B. $u=4\sqrt{2}\sin(314t+120°)$ V

C. $u=4\sqrt{2}\sin(314t-60°)$ V   D. $u=4\sqrt{2}\sin(314t+60°)$ V

15. 纯电感交流电路中,已知 $i=6\sin\left(314t-\dfrac{\pi}{3}\right)$ A,$X_L=20\ \Omega$,则电路中的电压有效值为(   )。

A. 40 V   B. 60 V   C. $40\sqrt{2}$ V   D. $60\sqrt{2}$ V

16. 纯电感交流电路中,已知 $i=8\sin\left(314t-\dfrac{\pi}{2}\right)$ A,$X_L=5\ \Omega$,则电路中的电压最大值为(   )。

A. 20 V   B. 40 V   C. $20\sqrt{2}$ V   D. $40\sqrt{2}$ V

17. 纯电感交流电路中,已知 $i=2\sin\left(314t-\dfrac{\pi}{3}\right)$ A,$X_L=8\ \Omega$,则电路中的电压解析式为(   )。

A. $u=8\sin\left(314t+\dfrac{\pi}{3}\right)$ V   B. $u=8\sqrt{2}\sin\left(314t-\dfrac{\pi}{6}\right)$ V

C. $u=16\sin\left(314t+\dfrac{\pi}{6}\right)$ V   D. $u=16\sqrt{2}\sin\left(314t+\dfrac{\pi}{3}\right)$ V

18. 纯电感交流电路中,电源电压不变,增加频率时,电路中电流将(   )。

A. 减小   B. 增大   C. 不变   D. 不确定

19. 在感抗 $X_L = 10\ \Omega$ 的纯电感电路两端加上正弦交流电压 $u = 50\sin(314t + 30°)$ V,则通过它的电流瞬时值表达式为(   )。

A. $i = 5\sin(314t - 60°)$ A

B. $i = 10\sin(314t - 30°)$ A

C. $i = 10\sin(314t + 30°)$ A

D. $i = 5\sin(314t + 60°)$ A

20. 关于无功功率,以下说法正确的是(   )。

A. 无功功率是指无用的功率

B. 无功功率表示交流电路中能量转换的最大值

C. 无功的含义是消耗而不是交换

D. 无功功率的单位是 V·A

二、判断题

1. 在直流电路中,电感元件相当于断路。　　　　　　　　　　　　　　　　　　(　　)

2. 在纯电感正弦交流电路中,端电压和电流同相位。　　　　　　　　　　　　(　　)

3. (2019 年学考真题)电感线圈具有阻碍交流电流通过的作用。　　　　　　　(　　)

4. (2022 年学考真题)理想电感器是耗能元件。　　　　　　　　　　　　　　(　　)

5. (2019 年学考真题)电感对电流的阻碍作用称为感抗。　　　　　　　　　　(　　)

6. (2021 年学考真题)电感线圈在交流电路中的感抗与频率成正比。　　　　　(　　)

7. (2022 年学考真题)在纯电感正弦交流电路中,增大电源的频率,电路中的电流小。(　　)

8. (2022 年学考真题)电感器接在直流电路中,感抗为无穷大,相当于断路。　(　　)

9. 交流电的频率越高,则电感器的感抗越小。　　　　　　　　　　　　　　　(　　)

10. 电感线圈的电感 $L = 30$ mH,当正弦交流电的频率 $f = 50$ Hz 时,电路的感抗 X_L 约为 120 Ω。　　　　　　　　　　　　　　　　　　　　　　　　　　　　　　　(　　)

11. 将 $L = 30$ mH 的电感线圈接到直流电路中,它的感抗为 0。　　　　　　　(　　)

12. 在纯电感电路中,电压在相位上超前电流 90°。　　　　　　　　　　　　　(　　)

13. 在纯电感正弦交流电路中,电压超前电流,意味着先有电压后有电流。　　(　　)

14. 无功功率中"无功"含义是交换而不消耗。　　　　　　　　　　　　　　　(　　)

15. 纯电感元件的正弦交流电路中,消耗的有功功率等于零。　　　　　　　　(　　)

三、填空题

1. 电感线圈对所通过的交流电流的阻碍作用称为_____,用代号_____表示,单位是_____,其计算公式为_____。

2. 电感线圈的感抗与电源的频率成_____,与线圈的电感成_____。对于直流电,线圈的感抗为_____,电感元件相当于_____。

3. 有一个线圈的电感 $L = 100$ mH,当频率 $f = 50$ Hz 时,感抗 $X_L =$_____,当频率 $f = 100$ Hz 时,感抗变为 $X_L =$_____,说明感抗与频率成_____。

4. (2021 年学考真题)把 0.2 H 的电感器接到 $u = 311\sin(100t + 30°)$ V 电源上,该电感器的感抗是_____Ω。

5. (2021 年学考真题)电感两端的电压相位_____电流相位。

6. 在纯电感交流电路中,电感两端的电压_____电流_____。

7. 纯电感电路中电压与电流有效值之间的关系是＿＿＿＿＿＿，电压与电流之间相位关系是电压＿＿＿＿＿电流＿＿＿＿＿，即 $\varphi_{ui}=$＿＿＿＿＿＿。

8. 在纯电感电路中两端电压与流过电流的＿＿＿＿值、＿＿＿＿值均遵循欧姆定律。

9. 一个电感为 50 mH、电阻可不计的线圈，接在 220 V、50 Hz 的正弦交流电源上，线圈的感抗是＿＿＿＿＿，线圈中的电流是＿＿＿＿＿。

10. 正弦交流电压 $u=220\sqrt{2}\sin(314t-60°)$ V，将它加在电感两端，电感的感抗 $X_L=100\ \Omega$，则通过电感的电流瞬时值表达式为＿＿＿＿＿＿＿＿＿＿＿＿＿＿。

11. 纯电感交流电路中，万用表测得电感两端的电压为 10 V，通过电感的电流为 2 A，已知交流电的频率为 50 Hz，则该电感的感抗 $X_L=$＿＿＿＿＿，电感消耗的有功功率 $P=$＿＿＿＿＿，无功功率 $Q=$＿＿＿＿＿。

12. 有一个交流电源 $u=220\sqrt{2}\sin(314t+30°)$ V，接到一个纯电感电路上，感抗 $X_L=22\ \Omega$，则通过电感器的电流大小为＿＿＿＿＿，电路的无功功率为＿＿＿＿＿。

四、计算题

1. 把一个电感为 100 mH 的纯电感线圈接到 $u=311\sin(100\pi t-30°)$ V 的交流电源上。求：

(1) 电路的感抗；

(2) 电路中的电流；

(3) 电流的解析式；

(4) 电路的平均功率和无功功率。

2. 电压 $u=311\sin(314t+45°)$ V 的电源，接在一个纯电感线圈上，电感的感抗为 10 Ω，求：

(1) 通过线圈的电流为多少？写出电流的解析式。

(2) 电路的无功功率是多少？

3. (2019 年学考真题)将一个电阻值可以忽略的线圈接到 $u=220\sqrt{2}\sin(100\pi t+60°)$ V 的电源上，线圈的电感量 $L=400$ mH，求：

(1) 线圈的感抗 X_L。（计算结果四舍五入取整数）

(2) 线圈电流的有效值 I。（计算结果四舍五入取一位小数）

(3) 线圈电流 i 的解析式。

第四节 纯电容电路

 **思维导图**

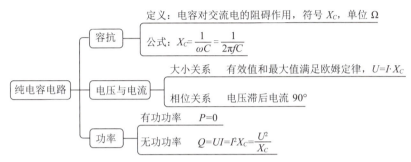

 **学习任务**

1. 理解电容对交流电的阻碍作用；
2. 理解容抗的概念，掌握容抗与频率的关系；
3. 掌握纯电容电路电压与电流的关系。

 知识梳理

在交流电路中，如果只用电容做负载，且可以忽略介质的损耗时，这个电路就称为纯电容电路，如图 4-4-1 所示。

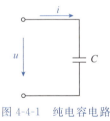

图 4-4-1 纯电容电路

一、容抗

当电容接入正弦交流电时，电容会不断地充电和放电，也就是说电容对交流电也有阻碍作用。电容对交流电的阻碍作用称为容抗，用符号 X_C 表示，单位是欧姆（Ω）。

研究表明，容抗的大小与电源频率及电容器自身的电容量成反比。即

$$X_C = \frac{1}{\omega C} = \frac{1}{2\pi f C}$$

可见,频率越高,容抗越小,所以电容器具有"隔直流,通交流,通高频,阻低频"的作用。

二、电流与电压的关系

① 纯电容电路中,电压与电流的最大值关系、有效值关系均符合欧姆定律,但瞬时值关系不符合欧姆定律,即

$$I=\frac{U}{X_C} \qquad I_{\mathrm{m}}=\frac{U_{\mathrm{m}}}{X_C}$$

② 纯电容电路中,电压滞后电流 90°,或者说电流超前电压 90°,即

$$\varphi_{ui}=\varphi_u-\varphi_i=-90°$$

若 $i=I_{\mathrm{m}}\sin(\omega t)$,则 $u=U_{\mathrm{m}}\sin(\omega t-90°)$;若 $u=U_{\mathrm{m}}\sin(\omega t)$,则 $i=I_{\mathrm{m}}\sin(\omega t+90°)$。
因此,在纯电容电路中,电流 i 和电压 u 的波形图如图 4-4-2 所示。

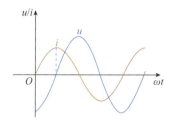

图 4-4-2　纯电容电路的电压、电流波形

三、功率

1. 瞬时功率

电容上的电压与电流的瞬时值的乘积称为瞬时功率,用 p 表示。

$$p=ui=\sqrt{2}U\sin(\omega t)\times\sqrt{2}I\sin(\omega t+90°)=2UI\sin(\omega t)\cos(\omega t)=UI\sin(2\omega t)$$

可见,纯电容电路的瞬时功率也是作正弦规律变化。瞬时功率为正时,电容从电源吸收能量并储存,即充电过程;瞬时功率为负时,电容释放能量,即放电过程。它在一个周期内的平均值为零,说明电容本身并不消耗电能,它只与电源交换能量。因此,电容是一个储能元件。

2. 有功功率

电容不消耗电能,因此,其有功功率为零,即 $P=0$。

3. 无功功率

电容的无功功率同样是指瞬时功率的最大值,计算公式为

$$Q=UI=I^2X_C=\frac{U^2}{X_C}$$

与电感相似,电容的无功功率只是衡量电容器和电源之间能量交换的规模的物理量。

例 4.4.1　有一个 $100\ \mu\mathrm{F}$ 的电容,接到 $u=20\sqrt{2}\sin(1000t+30°)\mathrm{V}$ 的交流电源上,试求:
(1) 电容的容抗;
(2) 电容电流 I;

（3）电容电流 i 的解析式；

（4）电路的有功功率和无功功率。

解：（1）容抗 $X_C=\dfrac{1}{\omega C}=\dfrac{1}{1000\times100\times10^{-6}}=10(\Omega)$。

（2）电流有效值 $I=\dfrac{U}{X_C}=\dfrac{20}{10}=2(\text{A})$。

（3）因为 $\varphi_i=\varphi_u+90°=30°+90°=120°$，

所以电流解析式 $i=2\sqrt{2}\sin(1000t+120°)\ \text{A}$。

（4）电路有功功率 $P=0$，

电路无功功率 $Q=UI=20\times2=40(\text{var})$。

 强化训练

一、单项选择题

1. 电容元件具有的特性是（　　）。

A. 通直流阻交流，通高频阻低频

B. 通交流阻直流，通低频阻高频

C. 通直流阻交流，通低频阻高频

D. 通交流阻直流，通高频阻低频

2. 关于电容元件的特性，下列描述正确的有（　　）。

A. 电容元件具有隔直流、通交流的作用

B. 电容元件的容抗和电容量大小没有关系

C. 某电气元件两端交流电压的相位超前于流过它的电流，则该元件为容性负载

D. 对于同一电容，接在不同频率的交流电路中时，频率越高则容抗越大

3. 一只电容接到 $f=50\ \text{Hz}$ 的交流电路中，容抗 $X_C=100\ \Omega$，若改接到 $f=200\ \text{Hz}$ 的电源时，则容抗为（　　）。

A. $50\ \Omega$ 　　　　　　　　　　　B. $150\ \Omega$

C. $100\ \Omega$ 　　　　　　　　　　D. $25\ \Omega$

4. 对电容的容抗 X_C，下列说法正确的是（　　）。

A. 频率 f 越高，X_C 越小；C 越大，X_C 越大

B. 频率 f 越高，X_C 越小；C 越大，X_C 越小

C. 频率 f 越高，X_C 越大；C 越大，X_C 越小

D. 频率 f 越高，X_C 越大；C 越大，X_C 越大

5. 已知一电容上的电压为 $u=220\sqrt{2}\sin(100\pi t)\ \text{V}$，电流为 10 A，则电容的容抗是（　　）。

A. $11\ \Omega$ 　　　　　B. $11\sqrt{2}\ \Omega$ 　　　　　C. $22\ \Omega$ 　　　　　D. $22\sqrt{2}\ \Omega$

6. 在纯电容正弦交流电路中，计算电流的公式是（　　）。

A. $i=U\omega C$ 　　　　　B. $i=\dfrac{U}{C}$ 　　　　　C. $I=\dfrac{U}{\omega C}$ 　　　　　D. $I=U\omega C$

7. 在纯电容交流电路中,以下关系式正确的是(   )。

A. $I = \dfrac{u}{X_C}$ B. $I = \dfrac{U_m}{X_C}$ C. $I = \dfrac{U}{\omega C}$ D. $I = \omega C U$

8. 在正弦交流纯电容电路中,已知电流的初相角为 $-\dfrac{\pi}{3}$,则电压的初相角为(   )。

A. $\dfrac{\pi}{6}$ B. $-\dfrac{5\pi}{6}$ C. $-\dfrac{2\pi}{3}$ D. $\dfrac{\pi}{3}$

9. (2021年学考真题)在纯电容交流电路中,电压与电流的相位关系是(   )。

A. 电压超前电流90°   B. 电压滞后电流90°

C. 电压与电流同相   D. 电压与电流反相

10. 在纯电容交流电路中,已知 $i = 8\sin\left(314t - \dfrac{\pi}{4}\right)$ A,$X_C = 20\ \Omega$,则电路中的电压有效值为(   )。

A. $160\sqrt{2}$ V   B. $80\sqrt{2}$ V   C. 80 V   D. 160 V

11. 纯电容交流电路中,已知 $i = 4\sin\left(314t - \dfrac{\pi}{4}\right)$ A,$X_C = 15\ \Omega$,则电路中的电压最大值(   )。

A. $60\sqrt{2}$ V   B. $30\sqrt{2}$ V   C. 60 V   D. 30 V

12. 纯电容交流电路中,已知 $i = 3\sin\left(314t - \dfrac{\pi}{6}\right)$ A,$X_C = 15\ \Omega$,则电路中的电压解析式为(   )。

A. $u = 30\sin\left(314t - \dfrac{\pi}{3}\right)$ V   B. $u = 30\sqrt{2}\sin\left(314t - \dfrac{2\pi}{3}\right)$ V

C. $u = 45\sin\left(314t - \dfrac{2\pi}{3}\right)$ V   D. $u = 45\sqrt{2}\sin\left(314t + \dfrac{\pi}{3}\right)$ V

13. 纯电容正弦交流电路中,增大电源频率时,其他条件不变,电路中电流会(   )。

A. 增大   B. 减小

C. 不变   D. 增大或减小

14. 纯电容交流电路中,已知 $i = 4\sqrt{2}\sin\left(314t - \dfrac{\pi}{4}\right)$ A,$X_C = 5\ \Omega$,则电路的有功功率为(   )。

A. 0   B. 20 W   C. 80 W   D. 112 W

15. 纯电容交流电路中,已知 $i = 4\sqrt{2}\sin\left(314t - \dfrac{\pi}{4}\right)$ A,$X_C = 5\ \Omega$,则电路的无功功率为(   )。

A. 20 W   B. 20var   C. 80 W   D. 80 var

二、判断题

1. 电容器具有"隔直流通交流、阻低频通高频"的特性。   (   )

2. 电阻、电感、电容都是储能元件。   (   )

3. (2021年学考真题)电容器在直流电路中相当于断路。   (   )

4. 将 $C = 2\ \mu\mathrm{F}$ 的电容器接到直流电路中,它的容抗为无穷大。 （　　）

5. 交流电的频率越高,则电容器的容抗越大。 （　　）

6. 纯电容交流电路中,电流相位超前电压 $90°$。 （　　）

7. (2022 年学考真题)在纯电容正弦交流电路中,电流与电压的瞬时值满足欧姆定律。

（　　）

8. 某电路两端的端电压为 $u = 220\sin\left(314t + \dfrac{\pi}{6}\right)$ V,电路中的总电流为 $i = 10\sin$

$\left(314t - \dfrac{\pi}{3}\right)$ V,则该电路可能是纯电容电路。 （　　）

9. (2022 年学考真题)在纯电容正弦交流电路中,增大电源的频率,其他条件不变,则电路中的电流增大。 （　　）

10. 纯电容交流电路的有功功率为零。 （　　）

三、填空题

1. 电容器对所通过的交流电流的阻碍作用称为_____,用代号_____表示,国际单位是_____,其计算公式为_____。

2. 电容的容抗与电源的频率成_____,与电容的容量成_____。对于直流电,电容的容抗为_____,含有电容元件的回路电路状态是_____。

3. 纯电容电路中电压与电流有效值之间的关系是_____,电压与电流之间相位关系是电压_____电流_____,即 $\varphi_{ui} = \varphi_u - \varphi_i =$ _____。

4. 在纯电容交流电路中,电容两端的电压_____电流 $90°$。

5. 在纯电容电路中,当开关连接直流电源时,其电路中电容 C 的容抗 $X_C =$ _____,电路稳定后相当于_____(填"短路"或"开路")状态。

6. 在纯电容电路中两端电压与流过电流的_____值、_____值均遵循欧姆定律。

7. 已知电容器的 $C = 50\ \mu\mathrm{F}$,当频率 $f = 50$ Hz 时,容抗 $X_C =$ _____,当频率 $f = 200$ Hz 时,容抗变为 $X_C =$ _____,说明容抗与频率成_____。

8. 正弦交流电压 $u = 220\sqrt{2}\sin(314t - 60°)$ V,将它加在电容两端,电容的容抗 $X_C = 100\ \Omega$,则通过电容的电流瞬时值表达式为_____。

9. 纯电容交流电路中,电容两端的电压为 $u = 250\sqrt{2}\sin\left(100\pi t - \dfrac{\pi}{3}\right)$ V,$C = 40\ \mu\mathrm{F}$,则通过的电流有效值 $I =$ _____,一个周期内的平均功率为_____。

10. 纯电容交流电路中,万用表测得电容两端的电压为 6 V,通过电容的电流为 1.5 A,已知交流电的频率为 50 Hz,则该电容的容抗 $X_C =$ _____,电容消耗的有功功率 $P =$ _____,无功功率 $Q =$ _____。

四、计算题

1. (2021 年学考真题)将一只电容器接到 $u_1 = 100\sqrt{2}\sin(100t + 30°)$ V 的电源上,流过电容器的电流 $I_1 = 10$ A。现将它接到 $u_2 = 200\sqrt{2}\sin(200t - 45°)$ V 的电源上。求:

(1) 电容器的容抗 X_C 是多少欧?

（2）流过电容器的电流 I_2 是多少安？

（3）流过电容器的电流 i_2 的解析式。

2. 有一只电容量为 20 μF 的电容器，接在 $f=50$ Hz、$U=220$ V、初相位为零的正弦交流电源上。求：

（1）通过电容器的电流（小数点后保留一位）；

（2）电压、电流的瞬时值表达式；

（3）电路的无功功率。

3. 把 $C=100$ μF 的电容元件接入 $u=10\sqrt{2}\sin(314t-30°)$ V 的电压上，求电流 i。

第五节　正弦交流电路的功率

**思维导图**

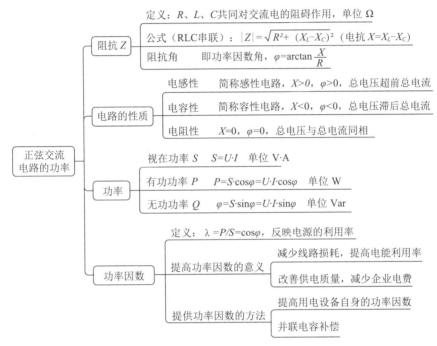

**学习任务**

1. 理解视在功率、功率因数的概念；
2. 了解提高电路功率因数的意义及方法。

**知识梳理**

一、RLC 串联电路

RLC 串联电路指电阻、电感及电容串联组成的电路。

1. 电抗

在 RLC 串联电路中，把 X_L-X_C 称作电抗，它是电感和电容共同对交流电流的阻碍作用，用符号 X 表示，单位为欧姆（Ω）。即

$$X=X_L-X_C$$

2. 阻抗

在 RLC 串联电路中,电阻、电感和电容共同对交流电流的阻碍作用称为阻抗,用符号 Z 表示,单位为欧姆(Ω)。阻抗的大小决定于电路参数 R、L、C 和电源频率 f,用 $|Z|$ 表示,计算公式为

$$|Z| = \sqrt{R^2 + (X_L - X_C)^2}$$

显然,阻抗 Z、电阻 R 和电抗 X 的大小满足直角三角形关系,三者组成的直角三角形称为阻抗三角形,如图 4-5-1 所示。

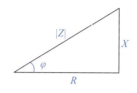

图 4-5-1 阻抗三角形

在阻抗三角形中,阻抗 Z 与电阻 R 的夹角 φ 称为阻抗角。显然

$$\varphi = \arctan\left(\frac{X}{R}\right)$$

3. 电路性质

根据电抗 X 值的不同,交流电路可分为电阻性电路、电感性电路和电容性电路。

① 当 $X = X_L - X_C > 0$ 时,$\varphi > 0$,电路呈电感性,总电压超前总电流。

② 当 $X = X_L - X_C < 0$ 时,$\varphi < 0$,电路呈电容性,总电压滞后总电流。

③ 当 $X = X_L - X_C = 0$ 时,$\varphi = 0$,电路呈电阻性,总电压与总电流同相。

二、电路的功率

1. 视在功率

在正弦交流电路中,将总电流的有效值与总电压的有效值的乘积称为视在功率,它表示电源提供总功率的能力,即交流电源的容量,用符号 S 表示,单位是伏安(V·A),即

$$S = UI$$

2. 有功功率

在正弦交流电路中,电路的有功功率指电阻消耗的功率,用符号 P 表示。它等于电阻两端电压与电阻电流的乘积,即

$$P = U_R I_R = I_R^2 R = \frac{U_R^2}{R}$$

3. 无功功率

在 RLC 串联电路中,电路的无功功率定义为电感的无功功率与电容的无功功率之差,即

$$Q = Q_L - Q_C$$

带入阻抗角 φ,经分析,电路的有功功率、无功功率和视在功率的大小也满足直角三角

形的关系,三者组成的直角三角形称为功率三角形,如图 4-5-2 所示。

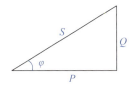

图 4-5-2　功率三角形

也就是说,电路的有功功率、无功功率和视在功率三者之间满足如下关系式:

$$S=UI=\sqrt{P^2+Q^2} \qquad P=S\cos\varphi=UI\cos\varphi \qquad Q=S\sin\varphi=UI\sin\varphi$$

因此,阻抗角 φ 也称为功率因数角。

三、功率因数

1. 功率因数

有功功率与视在功率的比值称为功率因数,即功率因数角的余弦值。它反映了电源能量的利用率,用符号 λ 表示,没有单位,其公式为:

$$\lambda=\frac{P}{S}=\cos\varphi$$

功率因数是交流电路运行状况的重要指标。功率因数越大,表明电源输出功率的利用率越高。

2. 功率因数的提高

(1)提高功率因数的意义

① 提高功率因数可以提高电能的利用率。

② 提高功率因数可以减少线路损耗。

③ 提高功率因数能改善供电质量。

④ 提高功率因数可以减少企业电费支出。

(2)提高功率因数的方法

① 提高用电设备自身的功率因数。

② 并联电容补偿。

由于有大量线圈的存在,实际的交流电路通常呈现为感性电路,因此可以采用并联适当的电容来提供功率因数。

(3)提高功率因数后的影响

① 感性负载并联电容,可以提高线路(指电网)的功率因数,但不是指某个感性负载的功率因数。

② 感性负载并联电容后,电路的有功功率不变(电容不消耗电能),负载上的电流不变,负载的工作状态不受影响,但线路的总电流减小。

③ 并联电容后功率因素提高的根本原因是减少了电源与负载之间的能量互换,使电源的能量得到充分的利用。

强化训练

一、单项选择题

1.（2019年学考真题）下列关于电路有功功率的描述，错误的是（　　）。

A. 有功功率等于电路的平均功率

B. 有功功率是用来衡量电路消耗电能快慢的物理量

C. 有功功率等于电路中各负载的有功功率之和

D. 负载的有功功率与电源输出的有功功率不相等

2. 关于无功功率，以下说法正确的是（　　）。

A. 无功功率是指无用的功率

B. 无功功率表示交流电路中能量转换的最大值

C. 无功的含义是消耗而不是交换

D. 无功功率的单位是 V·A

3. 视在功率的单位是（　　）。

A. V·A   B. W   C. var   D. H

4.（2019年学考真题）下列关于无功功率的描述，正确的是（　　）。

A. 反映电源设备容量的大小

B. 反映电路消耗电能的多少

C. 反映单位时间内电流做功的多少

D. 反映储能元件与外界能量交换规模的大小

5. 流过某负载的电流 $i=2.4\sin\left(314t+\dfrac{\pi}{6}\right)$ A，其端电压是 $u=380\sin\left(314t-\dfrac{\pi}{4}\right)$ V，则此负载为（　　）。

A. 电阻性负载   B. 感性负载

C. 容性负载   D. 不能确定

6. 要提高荧光灯电路的功率因数，常用的方法是（　　）。

A. 在荧光灯电路中串联一个合适的电感   B. 在荧光灯两端并联一个合适的电容

C. 在荧光灯电路中串联一个合适的电容   D. 在荧光灯两端并联一个合适的电感

7. 一个单相正弦交流电路中，电路视在功率 S、有功功率 P 和无功功率 Q 之间的关系是（　　）。

A. $S=P+Q$ B. $S=P^2+Q^2$

C. $S^2=P^2+Q^2$ D. $S^2=P^2Q^2$

8. 一个感抗为 4 Ω 的纯电感线圈接在交流电路中，它的功率因数等于（　　）。

A. 0   B. 0.4   C. 0.5   D. 1

9. 纯电阻电路的功率因数（　　）。

A. 等于 0   B. 大于 0

C. 小于 0   D. 等于 1

10. 纯电容电路的功率因数(　　)。

A. 等于 0　　　　　　　　　　　　　B. 大于 0

C. 小于 0　　　　　　　　　　　　　D. 等于 1

二、判断题

1. 为提高发电设备的利用率,减少电能损耗,提高经济效益,必须提高电路的功率因数。　　　　　　　　　　　　　　　　　　　　　　　　　　　　　　　　　(　　)

2. 纯电容正弦交流电路的功率因数 $\lambda = 1$。　　　　　　　　　　　　(　　)

3. 纯电阻正弦交流电路的功率因数 $\lambda = 0$。　　　　　　　　　　　　(　　)

4. 纯电感正弦交流电路的功率因数 $\lambda = -1$。　　　　　　　　　　　(　　)

5. 提高功率因数的方法,在实际工程应用上常采用并联电容进行补偿。　　(　　)

6. (2022 年学考真题)家用电风扇上所标明的额定功率是有功功率。　　(　　)

7. (2021 年学考真题)降低电力系统的功率因数,可以提高电源的利用率。(　　)

8. 在日光灯电路两端并联一个容量适当的电容器后,电路的功率因数提高了,灯管亮度却不变。　　　　　　　　　　　　　　　　　　　　　　　　　　　　　　(　　)

9. (2022 年学考真题)交流电源的容量用视在功率表示。　　　　　　　(　　)

10. 功率因数在数值上是有功功率和视在功率之比,它反映了电源能量的利用率。
　　　　　　　　　　　　　　　　　　　　　　　　　　　　　　　　　(　　)

11. 在实际电力系统中,一般不要求功率因数提高到 1。　　　　　　　　(　　)

12. (2019 年学考真题)有功功率和无功功率的单位都是瓦(W)。　　　(　　)

13. (2019 年学考真题)在感性负载两端并联适当容量的电容器可以提高功率因数。
　　　　　　　　　　　　　　　　　　　　　　　　　　　　　　　　　(　　)

三、填空题

1. 提高功率因数的实际意义在于:(1) 提高_____的能量利用率;(2) 减小输电线路上的_____。

2. (2021 年学考真题)纯电阻电路的有功功率可以用瞬时功率的_____值来反映;纯电感电路的无功功率可以用瞬时功率的_____值反映。

3. 视在功率 S 体现了电源提供_____的能力。

4. 提高功率因数的方法主要有:(1) 提高_____自身的功率因数;(2) 在电感性负载上_____。

5. 感性负载并联电容提高功率因数以后,电路的有功功率_____(“不变”或“改变”),负载的工作状态_____影响,这是因为_____的缘故。

第六节　照明电路

 **思维导图**

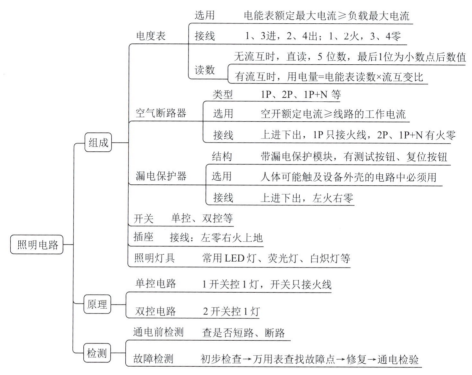

 **学习任务**

1. 了解空气断路器和漏电保护器的选用与接线方法；

2. 了解单相感应式电能表的选用、接线方法及读数；

3. 掌握简单照明线路的基本工作原理，会根据电路图进行照明线路的连接与检测。

知识梳理

一、照明线路的组成

照明线路一般由电能表、空气断路器(作电源开关)、开关(控制灯具或插座)、插座、照明灯具、连接导线等组成。

1. 电能表

电能表用于计量电能,又称电度表。电能表有感应式、电子式、机电一体式等。

单相感应式电能表的铭牌如图 4-6-1 所示。

图 4-6-1　单相感应式电能表

图 4-6-1 中,DD862-4 表示电能表的型号(DD 表示单相电能表,数字 862 为设计序号);

220 V、50 Hz 是电能表的额定电压和工作频率,它必须与电源的规格相符合;

5(20)A 是电能表的标定电流值和最大电流值;

1200 r/(kW·h)表示电能表的额定转速是每千瓦时 1200 转。

3692.4 为用电量,盘中显示值共有 5 位数,其中最末一位表示小数点后的数值,单位为 kW·h。如电能表前接有电流互感器,用户实际用电量＝电能表读数×流互变比。

单相电能表选用时主要依据负载的额定电流和最大电流,电能表的最大电流不能小于负载的最大电流。

单相电能表的 4 个接线端子编号从左至右依次为 1、2、3、4。接线方法如图 4-6-1 所示,1、2 为火线,3、4 为零线;1、3 接电源,2、4 接负载。单相感应式电能表安装时要注意垂直安装,不得平放或倾斜,否则会导致计量不准确。

2. 空气断路器

低压断路器是低压开关的一种,又称自动空气开关,也叫空气断路器,简称空开。它集控制和多种保护功能于一体,既能作为电路电源开关,同时又拥有短路保护、过载保护等功能。

短路保护是指当电路发生短路时,空气断路器会立即动作断开电路,起到保护电路的作用。

过载保护是指当电路中的电流超过额定电流时,空气断路器会自动断开电路,起到保护电路的作用。与短路保护相比,过载保护的动作时间较长。

交流 220 V 照明线路常用空气断路器有 1P、2P、1P＋N 等类型。图 4-6-2 是某品牌部分空气断路器及对应电路符号。其中主要参数——额定电流及负载类型标注见图 4-

6-3 所示。

选用时,要注意空气断路器的额定电流不得小于线路的工作电流。接线方法如图 4-6-2 所示,红色为火线,蓝色为零线,上进下出。

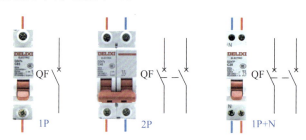

图 4-6-2　某品牌空气断路器

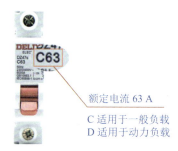

额定电流 63 A

C 适用于一般负载
D 适用于动力负载

图 4-6-3　空气断路器主要参数标注方式

3. 漏电保护器

漏电保护器件能够在电路出现漏电时自动切断电路,主要用于人身安全保护,防止电流通过人体造成触电事故。

在实际生产中,常将漏电保护模块和空气断路器合为一体组成具有漏电保护功能的空气断路器,称作漏电断路器,一般也将它叫作漏电保护器,简称漏保。它除了具有漏电保护功能外,还具有一般空开的过载和短路保护功能。漏电保护器外形如图 4-6-4 所示。

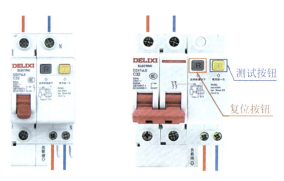

测试按钮

复位按钮

图 4-6-4　漏电保护器外形

漏电保护器上有两个按钮,测试按钮用于日常测试漏电保护功能是否正常,测试需在电路通电情况下进行。复位按钮在漏电跳闸时弹出,合闸前需按下才能合闸,若漏电故障未排除,将无法合闸。

在家用照明线路中,一般人体可能触及电气设备外壳的电路需要使用漏电保护器,如热水器、空调、电磁炉及所有插座。选用方法参考普通空气开关,另外注意漏电动作电流和动作时间的选择。接线方法如图 4-6-4 所示,红色为火线,蓝色为零线,上进下出。

4. 开关

常用照明线路灯具控制开关有单控开关、双控开关等。如图 4-6-5 所示,S_1 为单控开关,S_2 为双控开关。

图 4-6-5　开关

5. 插座

(1)两孔插座

单相两孔插座接线时孔眼一般为横向排列,此时两孔为左零右火。

(2)三孔插座

单相三孔插座接线时,最上端的孔眼为接地孔,必须与接地线牢固连接;其余的两孔为左零右火,需要注意的是零线与接地线不可错接或相接。

插座的地线线径必须与火线、零线的线径一致。

6. 照明灯具

常用照明灯具有热辐射型(如白炽灯)、气体发光型(如荧光灯)和固体发光型(如 LED 灯)三类。图 4-6-6 所示为几种常用灯具,现代家用照明灯具已基本用 LED 灯取代荧光灯。

螺口灯具安装时,火线接入灯具顶端,零线接入螺纹处。

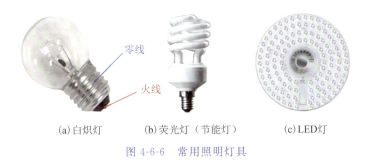

(a)白炽灯　　(b)荧光灯（节能灯）　　(c)LED灯

图 4-6-6　常用照明灯具

二、照明线路的原理

照明线路基本控制电路有单控电路和双控电路。

1. 单控电路

单控电路即一个开关控制一盏灯的电路。原理图如图 4-6-7 所示。

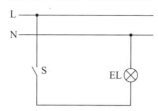

图 4-6-7　单控照明线路原理图

单控电路安装时要注意:火线进开关,零线不进开关。

2. 双控电路

双控电路即两个开关控制一盏灯的电路。也就是说,一个照明灯具可以在两个不同的地方控制,也称两地控制(异地控制),原理图如图 4-6-8 所示。

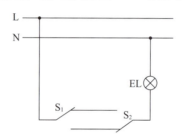

图 4-6-8　双控照明线路原理图

例 4.6.1　某照明线路有以下元件,试将其连接成完整电路。

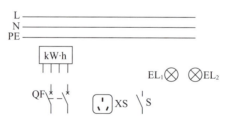

答:

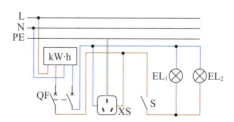

三、照明线路的检测

1. 通电前的检测

(1)检查线路是否有短路

万用表选择电阻挡(或蜂鸣挡),两表笔分别置于总开(或照明部分电路空开)两个出线端上,无论是否合上灯具开关,电阻值均不能为零(蜂鸣挡一般无蜂鸣声,但若灯具为电阻较小的白炽灯时可能有蜂鸣声,此时可改用电阻挡进一步确认)。若电阻值为零,说明电路有短路故障,应检查并排除故障后方可通电。

（2）检查线路是否有断路

灯具选用白炽灯,安装好灯具,万用表选择电阻挡,两表笔分别置于总开(或照明部分电路空开)两个出线端上。合上灯具开关,电阻值应大约为白炽灯阻值。若阻值为无穷大,说明电路有断路故障,应检查并排除故障后方可通电。

2. 故障检测

（1）初步检查

断开电源,检查熔断器或断路器是否完好、元器件是否有损坏或松动的迹象,观察导线绝缘层是否破损、接线柱是否压在导线绝缘皮上。

（2）确定故障范围

采用分段的方法,用万用表蜂鸣挡(或电阻挡)进行线路检查,以缩小故障范围,找到故障点。

（3）修复故障

根据定位到的故障点,采取相应的修复措施。如更换损坏的元器件、重新连接断开的导线、紧固松动的接头等。

（4）测试验证

修复完成后,重新接通电源并测试线路是否恢复正常工作,也可以使用万用表测量电压值以验证修复效果。

 强化训练

一、单项选择题

1. 关于带漏电保护的空气断路器选用,以下说法正确的是(　　　　)。

A. 空气断路器的额定电压≥线路额定电压

B. 空气断路器的额定电流≥线路计算负载电流

C. 带漏电保护的空气断路器选用时需要考虑其漏电动作电流和漏电动作时间

D. 以上都是

2. 带漏电保护的空气断路器的主要功能包含(　　　　)。

A. 开关的功能　　　　　　　　　　　　B. 短路保护功能

C. 漏电保护功能　　　　　　　　　　　D. 以上都是

3. 在工业、企业、机关、公共建筑、住宅中目前广泛使用的控制和保护电器是(　　　　)。

A. 闸刀开关　　　　B. 接触器　　　　C. 转换开关　　　　D. 断路器

4. 家用热水器的电源开关宜选用(　　　　)。

A.1P 空开　　　　B.2P 空开　　　　C.1P＋N 空开　　　　D.1P＋N 漏保

5. 安装在天花板上的照明灯的电源开关宜选用(　　　　)。

A.1P 空开　　　　　　　　　　　　　　B.2P 空开

C.1P＋N 空开　　　　　　　　　　　　D.1P＋N 漏保

6. 测量电能用（　　　）。

  A. 万用表   B. 电度表   C. 功率表   D. 电桥

7. 已知某单位新安装的电能表前接有变流比为 10 的电流互感器，第一个月电表读数为 202.5 度，则该单位这月的用电量是（　　　）。

  A. 20.25 kW·h   B. 202.5 kW·h

  C. 2025 kW·h   D. 2025 kW

8. 单相感应式电能表有四个接线柱，从左起依次为 1、2、3、4，则以下接法正确的是（　　　）。

  A. 1、2 接电源，3、4 接负载   B. 1、3 接电源，2、4 接负载

  C. 1、4 接电源，2、3 接负载   D. 1、2 接负载，3、4 接电源

9. 在一个开关控制一盏灯的单控照明线路中，开关的接法正确的是（　　　）。

  A. 进出线都是红色线   B. 进出线都是蓝色线

  C. 进线红色，出线蓝色   D. 进线蓝色，出线红色

10. 三孔插座电路中，最上孔的接线应该是（　　　）。

  A. 红色火线   B. 蓝色零线   C. 黑色地线   D. 黄绿双色地线

11. 在下列四种照明线路中，接线正确的是（　　　）。

12. 某同学安装完成后的照明电路如下图所示，假如直接去试电，会出现（　　　）情况。

  A. 灯能控制亮灭，插座有电   B. 灯不亮，插座有电

  C. 灯能控制亮灭，插座没电   D. 灯不亮，插座没电

二、判断题

1.（2019 年学考真题）在单相感应式电能表的下部有一个接线盒，接线盒盖板的背面有接线图，实际安装时可以不按该图接线。   （　　　）

2. 漏电流一般不会使短路保护装置动作。   （　　　）

3. 照明电路中熔断器中的熔丝可以用铜丝代替。　　　　　　　　　　　（　　）

4. 照明电路开关闭合时灯不亮,肯定是灯坏了。　　　　　　　　　　　（　　）

5. 照明电路导线绝缘层破损应该立即更换或修复绝缘层,避免漏电。　　（　　）

6. 低压断路器开关温升过高,可能的故障原因是触头表面接触不良。　　（　　）

7.(2021年学考真题)照明线路中,电源的火线可直接与灯具连接。　　（　　）

8. 插座的地线线径,必须与火线、零线的线径一致。　　　　　　　　　（　　）

9.(2022年学考真题)照明线路中控制灯具的开关应该接在零线上。　　（　　）

10. 照明线路安装完成后可以直接上电检验安装是否正确。　　　　　　（　　）

11. 检测照明线路时,万用表表笔搭在电源开关的两个出线端上,此时电阻值应该为零。　　　　　　　　　　　　　　　　　　　　　　　　　　　　　　（　　）

12. 双控照明线路安装时,灯具的控制开关可以接在火线上,也可以接在零线上。
　　　　　　　　　　　　　　　　　　　　　　　　　　　　　　　　（　　）

三、填空题

1. 单相两孔插座的安装接线:当孔眼横向排列时为左边的孔接_____,右边的孔接_____。

2. _____又称空气开关,是能自动切断故障电流并兼有控制和保护功能的低压电器。

3. 单相三孔插座的安装接线:最上端的孔眼接_____,剩余的两孔为左_____右_____。

4. 空气断路器选用时,其额定电流必须_____其所控制或保护电路中计算的最大负荷电流值。

5. 某用户月初电能表读数为 2003 kW·h,月末电能表读数为 2178 kW·h,则该用户本月的用电量为_____kW·h。

6. 单相电能表有四个接线桩头,从左到右1、2、3、4编号。接线方法一般是_____和_____接电路进线,_____和_____接电路出线。

四、问答题

1. 简要说明照明线路的故障检测步骤。

2. 某照明线路有以下元器件,试将其连接成一个双控照明线路。

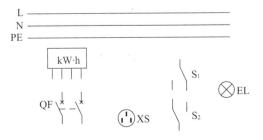

单元练习

一、单项选择题

1. 关于正弦交流电的有效值,下列说法正确的是( )。

   A. 有效值是最大值的 $\sqrt{2}$ 倍

   B. 最大值为 311 V 的交流电,可以用 220 V 的直流电代替

   C. 最大值是有效值的 3 倍

   D. 最大值为 311 V 的正弦交流电压,就其热效应而言,相当于一个 220 V 的直流电压

2. 常用的白炽灯的额定电压是 220 V,它实际上所承受的最大电压是( )。

   A. 311 V   B. 380 V   C. 270 V   D. 157 V

3. 一个电热器接在 10 V 的直流电源上,产生一定的热效应,把它改接到正弦交流电源上,使产生的热效应与直流时相等,则交流电源电压最大值应是( )。

   A. 14.1 V   B. 10 V   C. 5 V   D. 7.07 V

4. (2019 年学考真题)耐压值(正常工作时能承受的最大电压)为 150 V 的电容器,把它接入正弦交流电路中使用,加在它两端的交流电压的有效值可以是( )。

   A. 100 V   B. 150 V   C. 200 V   D. 220 V

5. (2021 年学考真题)已知正弦交流电 $u=20\sin(120\pi t+35°)$ V,$i=5\sin(120\pi t-15°)$ V,下列说法正确的是( )。

   A. 电压超前电流 20°   B. 电压超前电流 50°

   C. 电流超前电压 20°   D. 电流超前电压 50°

6. (2019 年学考真题)已知某电路电压 $u=220\sqrt{2}\sin(314t+45°)$ V,电流 $i=10\sqrt{2}\sin(314t-30°)$ A,则 u 与 i 的相位差是( )。

   A. $-30°$ B. 15°   C. 45°   D. 75°

7. (2022 年学考真题)已知电压 $u=5\sin(200\pi t+30°)$ V,其周期为( )。

   A. 0.01 s   B. 0.02 s   C. 0.1 s   D. 0.2 s

8. 已知正弦交流电压为 $u=311\sin\left(314t+\dfrac{\pi}{3}\right)$ V,它的有效值、频率和初相位是( )。

   A. $U=311$ V,$f=-100$ Hz,$\varphi=\dfrac{\pi}{3}$

   B. $U=220$ V,$f=50$ Hz,$\varphi=\dfrac{\pi}{3}$

   C. $U=311$ V,$f=-50$ Hz,$\varphi=-\dfrac{\pi}{3}$

   D. $U=220$ V,$f=100$ Hz,$\varphi=-\dfrac{\pi}{3}$

9. 电感线圈具有的特性是(　　)。

A. 通直流阻交流,通高频阻低频　　　　　B. 通直流阻交流,通低频阻高频

C. 通交流阻直流,通低频阻高频　　　　　D. 通交流阻直流,通高频阻低频

10. 纯电感交流电路中,已知电流的初相位为—60°,则电压的初相位为(　　)。

A. 90°　　　　　B. 120°　　　　　C. 60°　　　　　D. 30°

11.（2021年学考真题）电容的特性是(　　)。

A. 隔直流、通交流　　　　　B. 隔交流、通直流

C. 交直流都不通　　　　　D. 交直流都通

12. 一个电容器的耐压为 250 V,把它接到正弦交流电路中使用时,加在电容器上的交流电压有效值可以是(　　)。

A. 250 V　　　　　B. 200 V　　　　　C. 177 V　　　　　D. 150 V

13. 在纯电容正弦交流电路中,下列各式正确的是(　　)。

A. $i=U\omega C$　　　　B. $I=\dfrac{U\omega}{C}$　　　　C. $I=U\omega C$　　　　D. $i=\dfrac{U}{C}$

14. 正弦交流电频率越高,则交流电流(　　)。

A. 不容易通过线圈和电容　　　　　B. 容易通过线圈,不易通过电容

C. 容易通过电容,不易通过线圈　　　　　D. 容易通过线圈和电容

15.（2019年学考真题）下列关于正弦交流负载电路相位关系的描述,正确的是(　　)。

A. 在纯电感交流电路中,电压 u 超前电流 i 的相位为 90°

B. 在纯电感交流电路中,电压 u 和电流 i 之间同相位

C. 在纯电容交流电路中,电压 u 超前电流 i 的相位为 90°

D. 在纯电容交流电路中,电压 u 和电流 i 同相位

16. 已知某交流电路中,某元件的阻抗与频率成正比,则该元件是(　　)。

A. 电阻　　　　　B. 电感　　　　　C. 电容　　　　　D. 无法判断

17. 已知交流电路中,某元件的阻抗与频率成反比,则该元件是(　　)。

A. 电阻　　　　　B. 电感　　　　　C. 电容　　　　　D. 电源

18. 若电路中某元件两端的电压 $u=36\sin(314t-180°)$ V,流过的电流 $i=4\sin(314t+180°)$ V,则该元件是(　　)。

A. 电容　　　　　B. 电感　　　　　C. 电阻　　　　　D. 无法判断

19. 若电路中某元件两端电压 $u=311\sin(314t-180°)$ V,电流 $i=4\sin(314t+90°)$ A,则该元件是(　　)。

A. 电容　　　　　B. 电感　　　　　C. 电阻　　　　　D. 无法判断

20. 若某元件两端的电压 $u=50\sin(314t-30°)$ V,电流 $i=\sin(314t-30°)$ A,则该元件是(　　)。

A. 电容　　　　　B. 电感　　　　　C. 电阻　　　　　D. 无法判断

21. 一个阻值为 3 Ω、感抗为 4 Ω 的线圈接在交流电路中,它的功率因数等于(　　)。

A. 0. 3　　　　　B. 0. 4　　　　　C. 0. 5　　　　　D. 0. 6

22. 流过某负载的电流 $i=2.4\sin\left(314t-\dfrac{\pi}{6}\right)$ A,其两端电压是 $u=380\sin\left(314t-\dfrac{\pi}{4}\right)$ V,则此负载为( )。

  A. 电阻性负载　　　B. 感性负载　　　C. 容性负载　　　D. 不能确定

23. 已知一个电感线圈接在交流电路中,它的有功功率为 3 W,无功功率为 4 var,则该电路的视在功率是( )。

  A. 3 V・A　　　　B. 4 V・A　　　　C. 5 V・A　　　　D. 5 W

24. 所有空气断路器都具有( )。

  A. 过载保护和漏电保护　　　　　　　B. 短路保护和限位保护

  C. 过载保护和短路保护　　　　　　　D. 失压保护和断相保护

25. (2019 年学考真题)下列关于单相电能表描述中正确的是( )。

  A. 是测量回路漏电流的仪表　　　　　B. 是测量电压的仪表

  C. 是测量回路总电流的仪表　　　　　D. 是测量回路电能累积值的仪表

26. 一只与标有"×10"互感器配套使用的电能表,其读数为 0123.4,则实际用电总量是( )。

  A. 12.34 kW・h　　B. 123.4 kW・h　　C. 1234 kW・h　　D. 1234 kW

27. 家用空调的电源开关宜选用( )。

  A. 1P 空开　　　　B. 2P 空开　　　　C. 1P+N 空开　　　　D. 1P+N 漏保

28. 某住户测算自己日常用电电流一般为 15 A 左右,最高约 30 A,则选用的电能表电流规格为( )最合适。

  A. 1.5(6)A　　　　B. 5(20)A　　　　C. 10(40)A　　　　D. 15(60)A

29. 小张装修新房,已知所有照明灯具额定电流总和约为 12 A,则照明灯具总开关选用以下( )型号的空开最合适。

  A. DZ47/C10,1P　　　　　　　　　B. DZ47/C10,1P+N

  C. DZ47/C16,1P　　　　　　　　　D. DZ47/C16,1P+N

30. 带漏电保护的空气断路器具有( )保护功能。

  A. 短路　　　　　B. 过载　　　　　C. 漏电　　　　　D. 以上都是

31. (2019 年学考真题)安装照明电路时,开关必须接入( )。

  A. 中性线　　　　B. 地线　　　　C. 相线　　　　D. 零线

二、判断题

1. 所谓正弦量的三要素即为最大值、角频率和初相位。　　　　　　　　　( )

2. (2021 年学考真题)交流异步电动机铭牌上标注的额定电压是有效值。　( )

3. 两个频率和初相位不同的正弦交流电,比较相位差没有意义。　　　　( )

4. 交流电流表所测得的电流数值是有效值。　　　　　　　　　　　　( )

5. (2019 年学考真题)如果某电流的大小和方向都随时间作周期性变化,并且一个周期内平均值为零,这是交流电流。　　　　　　　　　　　　　　　　( )

6. 正弦量的初相角与起始时间有关,而相位差与起始时间无关。　　　( )

7. 只有两个相同频率的正弦交流电才可以求相位差。 （　　）

8.（2021 年学考真题）正弦交流电的初相位反映了交流电变化的快慢。 （　　）

9.（2021 年学考真题）正弦交流电的初相位范围为 0 至 180°。 （　　）

10.（2022 年学考真题）正弦交流电瞬时功率在一个周期内的平均值是无功功率。

（　　）

11. 在直流电路中，电感元件相当于断路，电容元件相当于短路。 （　　）

12. 纯电感线圈和纯电容都是储能元件，不消耗有功功率只占用无功功率。 （　　）

13. 纯电感电路中，$X_L = 2\pi fL$，纯电容电路中，$X_C = 2\pi fC$。 （　　）

14. 已知一个电感线圈接在交流电路中，它的有功功率为 3 W，无功功率为 4 var，则该电路的功率因数为 0.8。 （　　）

15.（2022 年学考真题）提高电路的功率因数，可以提高电源的利用率，减少电能损耗。

（　　）

16. 当视在功率一定时，功率因数越大，电路中无功功率越大，电源的利用率越高。 （　　）

17. 正弦交流电路中，已知电路有功功率为 10 W，无功功率为 10 var，则该电路的视在功率是 20 V·A。 （　　）

18. 在日常生活中，为防止发生触电事故，应注意开关必须安装在火线上。 （　　）

19.（2022 年学考真题）实际的电感线圈可以等效为电阻和电感的串联。 （　　）

20. 2P 的空气断路器常用于配电总开关。 （　　）

21. 一般家装中，每个空调都配一个独立的空开控制，且需要有漏电保护。 （　　）

22. 漏电保护器的两个接线柱接线时为左零右火。 （　　）

23. 为防止触电，所有照明电路中的电源开关都应该选用具有漏电保护功能的空开。

（　　）

24. 感应式电能表接线时 1、2 为进线，3、4 为出线。 （　　）

25. 与互感器配套使用的电能表的电流规格一般为 5(20)A。 （　　）

26. 单控照明线路中，控制灯具的开关可以接在火线上，也可以接在零线上。 （　　）

27. 两个开关都可以控制灯具的亮和灭，这样的照明线路为双控。 （　　）

28. 漏电保护器跳闸时，一定是发生了漏电故障。 （　　）

29. 为了提高负载的功率因数，可以串联电容，也可以并联电容。 （　　）

30. 对企业用电客户来说，提高功率因数可以减少电费支出。 （　　）

三、填空题

1. 大小和方向随时间按_____规律变化的电压和电流，称为正弦交流电。

2. 已知某正弦交流电流的解析式为 $u = 10\sqrt{2}\sin\left(314t - \dfrac{\pi}{3}\right)$ V，请写出以下数值：

① 最大值 ＝_____；② 初相 ＝_____；③ 角频率 ＝_____；④ 频率 ＝_____；⑤ 周期 ＝_____。

3. 正弦交流电流 $i = 4\sin(100\pi t - 60°)$ A，该电流有效值 $I =$ _____A，最大值为_____A，角频率为_____rad/s，初相位_____。

4. 某一正弦交流电流的有效值为 20 A,则它的最大值等于_____A。用电流表测量它,则电流表的读数为_____A。

5. 用万用表测得某正弦交流电的电流为 10 A,已知该交流电频率为 50 Hz,初相位 $\varphi=-\frac{\pi}{3}$,则解析式为_____。

6.(2019 年学考真题)某正弦交流电的频率为 100 Hz,用交流电流表测得读数为 2 A,若它的初相位为 45°,则它的解析式为_____。

7. 两个正弦交流电,周期相同,已知 u_1 的初相位 $\varphi_{01}=\frac{2\pi}{3}$,$u_2$ 的初相位 $\varphi_{02}=\frac{\pi}{6}$,则它们的相位差 $\varphi=$_____,是_____滞后_____。

8. 某正弦交流电流 $i_1=5\sin(120\pi t-45°)$ A,$i_2=15\sin(120\pi t+30°)$ A,则 $I_{1m}=$_____,$I_{2m}=$_____,频率 $f=$_____,i_1 的初相位 $\varphi_1=$_____,i_2 的初相位 $\varphi_2=$_____,两者的相位关系是 i_2_____i_1_____。

9.(2021 年学考真题)已知正弦交流电的电流初相位为 90°,当 $t=0$ 时瞬时值为 2 A,则电流最大值为_____A。

10. 常用照明电的电压为 220 V,这是指电压的_____值,接入一个"220 V,44 W"的白炽灯后,通过灯泡的电流有效值是_____A,最大值是_____A。(结果保留两位小数)

11.(2022 年学考真题)已知电压 $u=220\sqrt{2}\sin(\omega t+30°)$ V,电流 $i=10\sin(\omega t-60°)$ A,则它们的相应关系是电压超前电流_____。

12. 下图所示的交流电压,它的周期是 0.04 s,它的角频率是_____,电压的瞬时值表达式是 $u=$_____,电压最大值是_____。

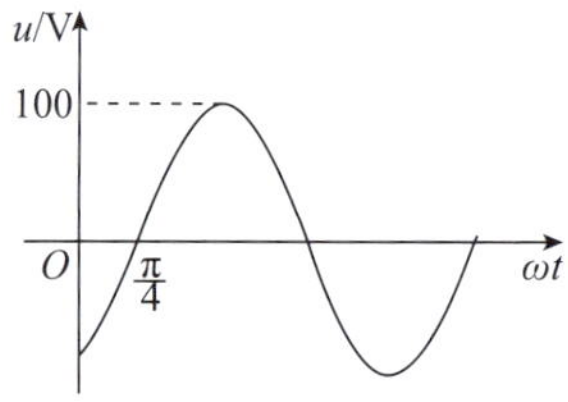

图 5-15

13.(2021 年学考真题)在纯电阻交流电路中,电压相位_____电流相位。

14.(2021 年学考真题)容抗的大小与频率成_____比。

15. 电感线圈在直流电路中的感抗为_____;电容器在直流电路中的容抗为_____。

16. 在纯电容电路中,其他条件不变,减小电源频率 f,电容中电流将_____。在纯电感电路中,其他条件不变,减小电源频率 f,电感中电流将_____。

17. 已知交流电压 $u=220\sqrt{2}\sin\left(100\pi t+\frac{\pi}{3}\right)$ V,它的有效值是_____,频率是_____,初相是_____。若连接一个感抗 $X_L=110$ Ω 的纯电感,则该电路中的电流为_____,电压与电流的相位差 $\varphi_{ui}=$_____,电流的解析式是 $i=$_____。

18. 在交流电路中,_____元件两端的电压相位超前电流相位 90°,_____元件两端的电压相位滞后电流相位 $90°$，_____元件两端的电压与电流同相。

19. 单相电能表的接线时，四个接线柱从左起导线的颜色分别为_____。

20. 漏电保护器跳闸时，若复位按钮未弹起，说明线路发生了_____故障；若复位按钮弹起，说明线路发生了_____故障。

4. 计算题

1. 有一只 $L=100$ mH 的线圈，内阻不计，接在 $f=50$ Hz、$U=220$ V、初相位为零的正弦交流电源上。求：

(1) 通过线圈的电流；

(2) 电压、电流的瞬时值表达式；

(3) 电路的无功功率。

2. 已知一电容 $C=5$ μF，接到 $u=311\sin(100\pi t+30°)$ V 的交流电源上。求：

(1) 电路的容抗；

(2) 电路中的电流；

(3) 电流的解析式；

(4) 电路的有功功率和无功功率。（计算结果保留一位小数）

3. 已知有 60 μF、120 μF 两只耐压为 400 V 的电容器，电源电压为 $u=220\sqrt{2}\sin(314t-60°)$ V。求：

(1) 两只电容串联接到电源上，求电源输出的电流 i_1；

(2) 两只电容并联接到电源上，求电源输出的电流 i_2。

第五章 | 三相正弦交流电路

第一节　三相正弦交流电源

思维导图

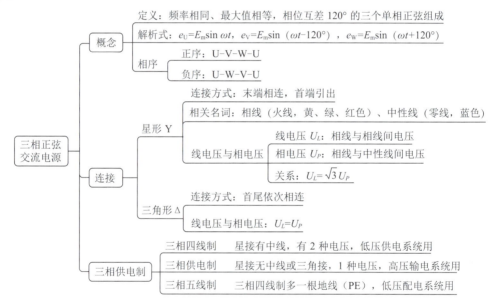

学习任务

1. 了解三相正弦对称电源的概念；

2. 了解我国电力系统的供电制及配线方式；

3. 了解电源星形联结与三角形联结的结构及特点；

4. 理解相序的概念；

5. 掌握相电压、线电压的概念。

知识梳理

一、三相交流电源的概念

1. 三相对称交流电源

三相交流电就是将三个单相交流电按一定的方式进行组合,这三个单相交流电频率相同、最大值相等、相位互差120°。这样的三个正弦交流电源称为三相对称交流电源。三相对称交流电源可以由三相交流发电机产生。

三相交流电源通常用 U、V、W(或 L_1、L_2、L_3)来分别表示三相。由定义可知,三相对称交流电源的解析式为

$$\begin{cases} e_U = E_m \sin \omega t \\ e_V = E_m \sin(\omega t - 120°) \\ e_W = E_m \sin(\omega t + 120°) \end{cases}$$

其波形如图 5-1-1 所示。

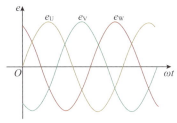

图 5-1-1　三相交流电源的波形

2. 三相交流电的相序

三相对称交流电到达最大值(或零值)的先后顺序,称为相序。相序分为正序和负序两种,U-V-W-U 称为正序,U-W-V-U 称为负序。

二、三相交流电源的连接

在供电系统中,三相对称电源是先按照一定方式连接后再向负载供电的。三相交流电源的连接方式有星形联结和三角形联结两种。

1. 星形联结

(1) 连接方式

将电源三相绕组的末端 U_2、V_2、W_2 连接在一起,成为一个公共点,由三个首端 U_1、V_1、W_1 分别引出三条导线,这种联结方式称为星形联结,用符号 Y 表示,如图 5-1-2 所示。

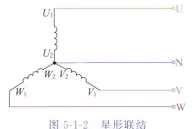

图 5-1-2　星形联结

在星形联结中，三相交流电源三个绕组的末端 U_2、V_2、W_2 连接成的公共点 N 称为中性点，或称零点。从中性点 N 引出的线叫作中性线，或称零线。三个绕组的首端 U_1、V_1、W_1 引出的三根线叫作相线，俗称火线。工程上，零线一般用蓝色表示，三根相线则分别用黄、绿、红三种颜色表示。

（2）线电压与相电压

相线与相线之间的电压叫线电压，分别用 U_{UV}、U_{VW}、U_{WU} 表示，三相对称交流系统中常用 U_L 表示线电压。

相线与中性线之间的电压叫相电压，分别用 U_U、U_V、U_W 表示，U_U、U_V、U_W 对应图 5-1-2 中的 U_{12}、V_{12}、W_{12}，三相对称交流系统中常用 U_P 表示相电压。

分析可得，三相对称交流电源采用星形联结时，线电压与相电压的有效值有如下关系

$$U_L = \sqrt{3} U_P$$

相位关系则是线电压总是超前于对应的相电压 30°，即 U_{UV}、U_{VW}、U_{WU} 分别超前 U_U、U_V、U_W 30°。

2. 三角形联结

（1）连接方式

将电源三相绕组的各相末端与相邻绕组的首端依次相连，即 U_2 与 V_1，V_2 与 W_1、W_2 与 U_1 相连，使三个绕组构成一个闭合三角形，这种联结方式称为三角形联结，用符号 △ 表示，如图 5-1-3 所示。

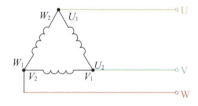

图 5-1-3　三角形联结

（2）线电压与相电压

从图 5-1-3 可看出，线电压 $U_{UV} = U_{12} = U_U$，也就是说，三相对称交流电源采用三角形联结时，线电压与相电压的有效值相等、相位相同，即

$$U_L = U_P$$

实际中，三相电源一般采用星形联结。我国低压供电系统的线电压为 380 V，相电压为 220 V（有效值）。

三、三相供电制

1. 三相四线制

由三根相线和一根中性线组成的输电方式称为三相四线制。三相四线制对称电源具有如下特点：

① 各相电压对称，各线电压对称；

② 可提供两种对称三相电压,即线电压和相电压。线电压大小是相电压的$\sqrt{3}$倍,线电压相位超前对应的相电压 30°。

我国低压供电系统通常采用三相四线制。

2. 三相三线制

只由三根相线组成的输电方式称为三相三线制。显然,三相三线制只能提供一种电压。我国高压输电系统通常采用三相三线制。

3. 三相五线制

三相五线制是在三相四线制的基础上,在变压器侧把零线分成工作零线和保护零线,保护零线就是通常所说的地线,用 PE 表示。五线分别为 3 根相线(U、V、W)、1 根中性线(N)、1 根地线(PE)。PE 线和设备的金属外壳相连,导线采用黄绿双色线。

虽然零线 N 和地线 PE 在变压器输出侧是连接在一起的,都接在中性点上,但是在用户端决不允许将零线和地线接到一起。

三相五线制比三相四线制多一根地线,一般用于安全要求较高,设备要求统一接地的场所。现代低压配电系统多采用三线五线制,家用单相交流电就是由三相五线制得来的。

 强化训练

一、单项选择题

1. 三相对称电动势在相位上互差(　　)。

A. 180°　　　　　　　　B. 150°　　　　　　　　C. 120°　　　　　　　　D. 90°

2. 关于三相对称交流电动势,下列说法错误的是(　　)。

　A. 它们的最大值相同　　　　　　　　B. 它们的角频率相同

　C. 它们的初相位相同　　　　　　　　D. 它们的有效值相同

3. 关于三相交流发电机输出的三相电动势,下列说法正确的是(　　)。

　A. 大小相等,相位相同　　　　　　　　B. 大小不同　相位相同

　C. 大小相等,相位互差 30°　　　　　　D. 大小相等,相位互差 120°

4. 有一对称三相电源,若 U 相的电压 $u_U=220\sqrt{2}\sin(314t+30°)$ V,则 V 相和 W 相电压分别为(　　)。

　A. $u_V=220\sqrt{2}\sin(314t-90°)$ V,$u_W=220\sqrt{2}\sin(314t+90°)$ V

　B. $u_V=220\sqrt{2}\sin(314t-150°)$ V,$u_W=220\sqrt{2}\sin(314t+150°)$ V

　C. $u_V=220\sqrt{2}\sin(314t-90°)$ V,$u_W=220\sqrt{2}\sin(314t+150°)$ V

　D. $u_V=220\sqrt{2}\sin(314t-90°)$ V,$u_W=220\sqrt{2}\sin(314t-150°)$ V

5. (2019 年学考真题)在三相正弦交流对称电动势中,若 $e_1=220\sqrt{2}\sin(314t)$ V,$e_2(t)=220\sqrt{2}\sin(314t-120°)$ V,则 e_3 的表示式为(　　)。

　A. $e_3=220\sin(314t)$ V　　　　　　　　B. $e_3=220\sin(314t+120°)$ V

　C. $e_3=220\sqrt{2}\sin(314t-120°)$ V　　　D. $e_3=220\sqrt{2}\sin(314+120°)$ V

6. 三相交流电 U-V-W-U 的相序属（　　）。

A. 零序　　　　　　　B. 无法判断　　　　　　C. 正序　　　　　　　D. 负序

7. 三相交流电相序 U-W-V-U 称为（　　）。

A. 正序　　　　　　　B. 负序　　　　　　　　C. 零序　　　　　　　D. 不确定

8.（2019 年学考真题）三相交流电源,如果按正相序排列时,其排列顺序为（　　）。

A. U-W-V　　　　　　　　　　　　　　　　B. V-U-W

C. U-V-W　　　　　　　　　　　　　　　　D. W-V-U

9. 星形连接时三相电源的公共点叫三相电源的（　　）。

A. 中性点　　　　　　B. 参考点　　　　　　　C. 零电位点　　　　　D. 接地点

10. 三相对称电源连成星形,若相电压为 200 V,则线电压约为（　　）。

A. 220 V　　　　　　　B. 280 V　　　　　　　C. 346 V　　　　　　D. 380 V

11. 在三相对称星形电源中,线电压指的是（　　）的电压。

A. 相线对零线之间　　　　　　　　　　　　B. 相线对地之间

C. 零线对地之间　　　　　　　　　　　　　D. 相线之间

12. 三相对称电源连成星形,线电压 U_L 与相电压 U_P 的关系是（　　）。

A. $U_L = U_P$,相位相同　　　　　　　　　B. $U_L = U_P$,相位差 $30°$

C. $U_L = \sqrt{3} U_P$,相位相同　　　　　　D. $U_L = \sqrt{3} U_P$,相位差 $30°$

13. 将三个单相电源按首尾依次相接连成一个闭合电路,这种连接方式称为（　　）。

A. 串联　　　　　　　B. 并联　　　　　　　　C. 星形连接　　　　　D. 三角形连接

14. 三相对称电源连成三角形,线电压 U_L 与相电压 U_P 的关系是（　　）。

A. $U_L = U_P$,相位相同　　　　　　　　　B. $U_L = U_P$,相位差 $30°$

C. $U_L = \sqrt{3} U_P$,相位相同　　　　　　D. $U_L = \sqrt{3} U_P$,相位差 $30°$

15. 在三相四线制供电系统中,以下说法正确的是（　　）。

A. 线电压对称,相电压不对称　　　　　　　B. 相电压对称,线电压不对称

C. 相电压与线电压都不对称　　　　　　　　D. 相电压与线电压都对称

16. 与单相交流电路比较,三相交流电路的主要优点是（　　）。

A. 使用安全　　　　　　　　　　　　　　　B. 电压高

C. 功率大　　　　　　　　　　　　　　　　D. 使用更广

17.（2022 年学考真题）在输变电设备中,三相电源母线常涂以颜色表示正相序,其颜色顺序为（　　）。

A. 红、黄、绿　　　　　　　　　　　　　　B. 绿、红、黄

C. 绿、黄、红　　　　　　　　　　　　　　D. 黄、绿、红

18. 三相五线制电源能输出（　　）种电压。

A. 1　　　　　　　　　B. 2　　　　　　　　　C. 3　　　　　　　　　D. 4

19. 以下负载不适用于三相三线制供电电源的是（　　）。

A. 三相变压器　　　　　　　　　　　　　　B. 三相交流电动机

C. 三相对称负载　　　　　　　　　　　　　D. 三相照明电路

20. 我国交流高压输电系统一般采用（　　　　）。

A. 三相三线制　　　　B. 三相四线制　　　　C. 三相五线制　　　　D. 单相制

二、判断题

1.（2019 年学考真题）三相对称正弦交流电源的最大值相等、角频率相同、相位互差 120°。（　　）

2. 对称三相正弦量在任一时刻瞬时值的代数和都不等于零。（　　）

3.（2022 年学考真题）三相对称正弦交流电源电动势达到最大值的先后次序称为相序。

（　　）

4. 若对称三相交流电源的正序是 U-V-W-U，则 V-W-U-V 是负序。（　　）

5. 三相电源中，任意两根相线间的电压为线电压。（　　）

6. 三相对称电源的相电压与线电压都是对称的。（　　）

7. 相电压为 220 V 的三相对称电源，其线电压为 311 V。（　　）

8. 将三个对称电源的末端相连，首端引出的连接方式为星形联结。（　　）

9. 三相电源作星形连接时，线电压总是超前对应相电压 30°。（　　）

10. 三相电源作三角形连接时，线电压总是滞后对应相电压 30°。（　　）

11. 三相电源连成星形或三角形，都能给负载提供 2 种电压。（　　）

12. 三相电源无论连成星形还是三角形，输出的线电压都是对称的。（　　）

13.（2022 年学考真题）我国三相四线制供电系统可以提供 380 V 的电压。（　　）

14. 在三相四线制供电系统中，火线和零线之间的电压称为相电压。（　　）

15. 三相五线制低压配电系统中，零线用蓝色线，地线用黄绿双色线。（　　）

三、填空题

1. 把频率相同、最大值相等、相位彼此相差 120° 的三个正弦交流电源称为 ＿＿＿＿＿＿＿＿＿＿＿＿＿＿。

2. 在三相交流电路中，三相交流发电机的三个绕组中的对称三相电动势达到最大值的时间依次落后 ＿＿＿＿＿＿＿＿ 周期。

3. 对称三相交流电源是一种能够提供三个振幅 ＿＿＿＿＿＿＿＿、频率 ＿＿＿＿＿＿＿＿、初相位依次相差 ＿＿＿＿＿＿＿ 的交流电动势的电源。

4. 有一对称三相电动势，若 U 相电动势为 $u_U = 311\sin(314t - 30°)$ V，则 V 相和 W 相电动势分别为 $u_V =$ ＿＿＿＿＿＿＿＿＿＿＿＿＿＿＿、$u_W(t) =$ ＿＿＿＿＿＿＿＿＿＿＿＿＿＿＿。

5. 三相交流电的相序是指：三相交流电动势达到 ＿＿＿＿＿＿＿＿（或零值）的先后顺序。它包括 ＿＿＿＿＿＿＿ 和 ＿＿＿＿＿＿＿ 两种，U-V-W-U 是 ＿＿＿＿＿＿＿＿；U-W-V-U 是 ＿＿＿＿＿＿＿＿。

6. 三相对称电源有两种连接形式，分别是 ＿＿＿＿＿＿＿ 连接和 ＿＿＿＿＿＿＿ 连接。

7. 三相电源的星形联结方式可以分为 ＿＿＿＿＿＿＿＿ 的星形联结方式和 ＿＿＿＿＿＿＿＿ 的星形联结方式。

8. 将三相发电机绕组的三个末端 U_2、V_2、W_2 连接成一个公共点，三个首端 U_1、V_1、W_1 引出，这种连接方式称 ＿＿＿＿＿＿＿＿＿＿＿。三个末端 U_2、V_2、W_2 连接成的公共点称 ＿＿＿＿＿＿＿＿，也称 ＿＿＿＿＿＿＿＿，用字母 ＿＿＿＿＿＿＿ 表示；从该点引出的导线称 ＿＿＿＿＿＿＿＿，也称 ＿＿＿＿＿＿＿＿，对从三相绕组首端引出的三根导线称_____,俗称_____。

9. 将三相发电机三个绕组首尾依次相连,形成一个三角形的,这种连接方式称_____。三角形的三个顶点引出的三根导线称为_____,任意两根导线之间的电压称为_____。

10. 星形联结中,线电压是_____线和_____线之间的电压;相电压是_____线与_____线之间的电压。

11.(2022年学考真题)日常生活中,居民使用的电源电压为 220 V,即相线与_____线之间的电压,称为_____电压。

12. 星形联结的对称三相交流电源,线电压和相电压的相量关系是:线电压_____相应的相电压_____,线电压和相电压的大小关系是:线电压是相电压的_____倍,关系式为 $U_L=$_____。

13. 三角形联结的对称三相交流电源,线电压和相电压的关系式为 $U_L=$_____。

14. 三相三线制供电系统是指三根_____线组成的供电系统。

15. 三相五线制供电系统是指三根_____线、一根_____线和一根_____组成的供电系统。

16. 采用三相四线制输电时可以获得两种电压即_____和_____,它们之间的数量关系是:_____,相位关系是:_____的相位超前相应的相电压_____。

17.(2019年学考真题)在三相四线制供电线路中,相电压是指_____与_____之间的电压。

18. 三相电源的三相绕组首端引出的三根线称为相线,分别用字母 U、_____和_____表示,颜色则用_____、_____、_____表示。三相电源的三相绕组末端联结成一个公共端,从该点引出的导线叫作_____,用颜色_____表示。

四、计算题

已知在三相对称交流电源中,已知 V 相电压的解析式 $u_V=220\sqrt{2}\sin(314t-120°)$ V,写出其余两个相电压的解析式。

第二节　三相负载的连接

**思维导图**

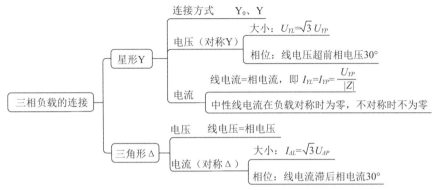

学习任务

1. 了解负载星形联结与三角形联结的结构及特点；
2. 掌握相电流、线电流的概念。

知识梳理

接在三相电源上的负载统称为三相负载。各相负载的大小和性质完全相同（即阻抗大小相等，阻抗角相同）的三相负载称为对称三相负载，常见的对称三相负载有三相电动机、三相变压器、三相电炉等。若各相负载不同，则称为不对称三相负载，如三相照明线路等。

注意：大小相等的三相负载不一定是对称三相负载。

三相交流电源和三相负载都对称的电路称为三相对称交流电路。

一、三相负载的星形联结

把三相负载分别接在三相电源的一根相线和中线之间的接法称为三相负载的星形联结。星形联结又分为有中性线和无中性线两种，图 5-2-1（a）所示为有中性线的星形联结，用"Y_0"表示；图 5-2-1（b）所示为无中性线的星形联结，用"Y"表示。

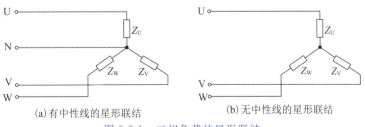

(a)有中性线的星形联结　　　　(b)无中性线的星形联结

图 5-2-1　三相负载的星形联结

1. 负载对称

以有中性线的星形联结为例，三相负载各电压电流方向如图 5-2-2 所示。负载对称时，

$$Z_U = Z_V = Z_W = Z$$

（1）电压

忽略输电线上的压降，负载的相电压总是等于电源的相电压，即

$$U_U = U_{UN} \qquad U_V = U_{VN} \qquad U_W = U_{WN}$$

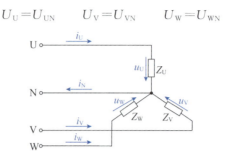

图 5-2-2　三相负载星形联结的电压与电流

忽略输电线上的压降，负载的线电压总是等于电源的线电压。

显然，三相对称负载星形联结时，负载上的线电压与相电压之间的大小关系为

$$U_{YL} = \sqrt{3} U_{YP}$$

相位关系则是线电压超前于对应的相电压 30°。

（2）电流

流过每相负载的电流称为相电流，用 I_P 表示；流过每根相线的电流称为线电流，用 I_Y 表示；中性线上流过的电流称为中性线电流，用 I_N 表示。

显然，三相对称负载星形联结时，线电流与对应的相电流相等，相电流、线电流均对称，即

$$I_{YL} = I_{YP} = \frac{U_{YP}}{|Z|}$$

由基尔霍夫电流定律可知，中性线电流为三个线电流之和（指相量和），因三个线电流对称，所以中性线上的电流为零，此时中性线可以去掉。

（3）功率

总有功功率等于三相有功功率之和，即

$$P_Y = P_U + P_V + P_W = 3P_P = 3U_P I_P \cos\varphi$$
$$= 3\frac{U_L}{\sqrt{3}} I_L \cos\varphi = \sqrt{3} U_L I_L \cos\varphi$$

2. 负载不对称

当三相负载不对称，即图 5-2-2 中 Z_U、Z_V、Z_W 不相等时，电压电流会怎样变化？

（1）有中性线时

各相电压与电源相电压相同，仍保持对称，但因各相负载不同，故各相电流不同，各线电流也不一样，线电流之和不为零，中性线上有电流流过。此时中性线不能去掉。

（2）无中性线时

各线电压与电源线电压相同，但因负载不同，三相负载上的各相电压不再对称，相电流、

线电流一般也不对称,计算变得复杂,本书不做研究。

以我国低压 380 V/220 V 配电系统为例,三相负载不对称时,若没有中性线,有的相电压会偏高超过 220 V,而有的相电压会低于 220 V,可能导致有的电气设备损坏,而有的电气设备无法工作。因此,这种情况应避免。

在低压配电系统中,三相负载通常都是不对称的,中性线电流不为零。这时,中性线对于电路正常工作及用电安全十分重要,它可以保证每相负载的电压保持不变,避免发生事故。

在实际使用与维修中要注意,中性线上不得安装开关或熔断器,并且要确保中性线安装牢固、可靠。

二、三相负载的三角形联结

把三相负载分别接在三相电源的每两根相线之间的接法称为三相负载的三角形联结,用△表示,如图 5-2-3 所示。

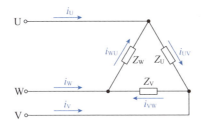

图 5-2-3 三相负载的三角形联结

1. 负载对称

(1) 电压

负载的相电压等于线电压,也等于电源的线电压。

(2) 电流

负载上各相电流大小均相等,且有

$$I_{\triangle P} = \frac{U_{\triangle P}}{|Z|}$$

负载的线电流大小等于相电流的 $\sqrt{3}$ 倍,即

$$I_{\triangle L} = \sqrt{3}\, I_{\triangle P}$$

相位关系则是线电流滞后对应的相电流 $30°$。

三个线电流对称,线电流之和(指相量和)为零。

(4) 功率

总有功功率等于三相有功功率之和,即

$$P_{\triangle} = P_U + P_V + P_W = 3P_P = 3U_P I_P \cos\varphi$$
$$= 3U_L \frac{I_L}{\sqrt{3}} \cos\varphi = \sqrt{3}\, U_L I_L \cos\varphi$$

2. 负载不对称

负载的相电压仍与线电压相同,等于电源的线电压。但因负载不对称,各相电流不对

称,线电流一般也不对称,但三个线电流之和仍为零。

强化训练

一、单项选择题

1. 关于对称三相交流电路,下列说法正确的是( )。

A. 三相交流电源和三相负载都对称的电路

B. 三相负载对称的交流电路

C. 三相交流电源对称的电路

D. 以上说法都可以

2. 对称三相交流电源接不对称三相负载成星形联结有中性线时,下列说法正确的是( )。

A. 各相负载上电压、电流均对称　　　　B. 各相负载上电压对称

C. 各相负载上电流对称　　　　D. 各相负载上电压、电流均不对称

3. 当三相负载对称,各相流过的电流都是 30 A 时,流过中性线的电流为( )。

A. 0　　　　B. 30 A　　　　C. 60 A　　　　D. 90 A

4 三相异步电动机每相绕组的额定电压为 220 V,接入线电压为 380 V 的三相交流电源中,为保证电动机能正常工作,电动机应接成( )。

A. 串联　　　　B. 并联　　　　C. 星形　　　　D. 三角形

5. 三相异步电动机每相绕组的额定电压为 380 V,为保证电动机接入线电压为 380 V 的三相交流电源中能正常工作,电动机应接成( )。

A. 串联　　　　B. 并联　　　　C. 星形　　　　D. 三角形

6. 三相对称负载星形连接时,线电压的相位超前相应的相电压( )。

A. $\dfrac{2\pi}{3}$　　　　B. $\dfrac{\pi}{6}$　　　　C. $\dfrac{\pi}{3}$　　　　D. $\dfrac{\pi}{2}$

7. 在三相交流电路中,当一相负载改变时不会对其他相负载产生影响的负载连接方式( )。

A. 星形、三角形联结均可　　　　B. 三角形联结

C. 有中性线的星形联结　　　　D. 无中性线的星形联结

8. 若要求三相负载互不影响,则三相负载应连接成( )。

A. 星形无中性线　　　　B. 三角形

C. 星形有中性线　　　　D. 都可以

9. 在三相四线制供电线路中,三相负载越接近对称负载,中线上的电流( )。

A. 不变　　　　B. 越小　　　　C. 越大　　　　D. 不确定

10. 对称三相四线制交流电路中( )。

A. 中线电流为零　　　　B. 中线电压、电流都不为零

C. 中线电流不为零　　　　D. 如果中线断开,火线电流会有变化

11. 负载作星形联结的三相三线制供电系统中,电源线电压为 380 V,若某相负载因故突然短路,则其余两相负载的电压均为( )。

A. 190 V　　　　B. 220 V　　　　C. 380 V　　　　D. 不确定

12. 三相对称负载作星形联结的三相三线制供电系统中,电源线电压为 380 V,若某相负载因故突然断开,则其余两相负载的电压均为(   )。

A. 190 V   B. 220 V   C. 380 V   D. 不确定

13. 在三相四线制交流电路中,每一相都接一盏白炽灯,且每盏灯都能正常发光,如果中性线断开,有一相短路,那么其他两相上(   )。

A. 两个灯立即熄灭   B. 两个灯仍能正常发光

C. 两个灯都将变暗   D. 两个灯都将因过亮而烧毁

14. 在三相四线制交流电路中,每一相都接一盏白炽灯,且每盏灯都能正常发光,如果中性线断开,有一相也断开,那么其他两相上(   )。

A. 两个灯立即熄灭   B. 两个灯仍能正常发光

C. 两个灯都将变暗   D. 两个灯都将因过亮而烧毁

15. 三相负载铭牌上标注的功率通常是指(   )。

A. 有功功率   B. 视在功率   C. 无功功率   D. 以上都不是

16. 同一个三相对称交流电源和负载,若负载作三角形联结时的三相有功功率为 $P_\triangle$,作星形联结时的三相有功功率为 P_Y,则 $P_\triangle$ 是 P_Y 的(   )。

A. 1 倍   B. 2 倍   C. 3 倍   D. $\sqrt{3}$ 倍

17. 某三相对称负载作星形联结时,每相负载消耗的功率为 100 W,则负载消耗的总功率为(   )。

A. 100 W   B. $100\sqrt{3}$ W   C. 300 W   D. $300\sqrt{3}$ W

18. 某三相对称负载作星形联结时,负载消耗的总功率为 1800 W,则每相负载消耗的功率为(   )。

A. 300 W   B. 600 W   C. 900 W   D. 1800 W

19. 对称三相电源给三角形联结的负载供电,若不计输电线上的阻抗,以下说法错误的是(   )。

A. 无论负载对称与否,负载的三个线电流总是对称的

B. 无论负载对称与否,负载的三个线电压总是对称的

C. 当负载对称时,线电流也是对称的

D. 当负载对称的,负载各线电流滞后于对应的相电流30°

20. 下列有关中性线的描述,正确的是(   )。

A. 对称三相负载作星形联结时,即使中性线里的电流等于零也不可以去掉

B. 只要三相负载作星形联结,必有中性线

C. 一般来说,三相照明线路作星形联结时的中性线不可以去掉

D. 三相负载作星形联结或三角形联结,都有中性线

二、判断题

1. 当三相负载作星形联结时,必须要有中性线。   (   )

2. 当三相负载作星形联结时,相电压在相位上滞后相应的线电压30°。   (   )

3. 在星形联结三相对称负载电路中,线电压是相电压的 $\sqrt{3}$ 倍。   (   )

4. 在三相交流电路中,中性线就是地线。 （　　　）

5. 对称三相交流电路的中性线上电流等于零。 （　　　）

6. 当三相负载作星形联结时,无论负载对称与否,线电流必定等于负载的相电流。 （　　　）

7. 在不对称负载的三相交流电路中,中线上的电流为零。 （　　　）

8. 当三相负载越接近对称时,中性线上的电流值就越大。 （　　　）

9. 在三相四线制供电线路中,中性线电流大小和三相负载上电流的大小有关。 （　　　）

10. 在对称三相交流电路中,三相负载作三角形联结时,线电流必为相电流的$\sqrt{3}$倍。 （　　　）

11. 在三相四线制低压供电系统中,照明电路通常接在一根相线和一根地线上。 （　　　）

12. 采用三相四线制供电时,中性线可以安装熔丝或开关。 （　　　）

13. 对称三相交流电路,电压、电流的瞬时值或相量之和等于零。 （　　　）

14. 在三相四线制电路中,为确保安全,各线必须安装合适的保险丝。 （　　　）

15. 常用的三相电动机和三相变压器都是对称三相负载,都采用三相三线制供电。 （　　　）

16. 对称三相负载作星形联结时多采用三相三线制供电。 （　　　）

17. 在对称三相四线制电路中,三个线电流之和等于零。 （　　　）

18. 当不对称三相负载作星形联结时,为保证各相电压对称,必须采用三相四线制。 （　　　）

19. 三相负载作三角形联结,当负载对称时,线电压是相电压的 1 倍。 （　　　）

20. 在三相交流电路中,当输电线的电阻可忽略时,三角形联结的三相负载的相电压与电源的相电压相等。 （　　　）

三、填空题

1. 对称三相交流电路是由_____交流电源和_____连接组成的三相交流电路。

2. 各相负载的大小和性质都相等的三相负载称为_____负载,如三相异步电动机等;否则称为_____负载。

3. 三相照明电路的负载是典型的三相_____负载。

4. 当三相负载对称时,相电流、线电流也是_____的。

5. 三相负载的连接方式可分为_____联结和_____联结两种。

6. 将各相负载的末端 U_2、V_2、W_2 连在一起,接到三相电源的_____线上,把各相负载的首端 U_1、V_1、W_1,分别接到三相交流电源的三根_____上,这种连接方式称为三相负载有中性线的星形联结。

7. 加在某一相负载两端的电压称为该相负载的_____电压,流过某一相负载的电流称为该相负载的_____电流。

8. 在对称三相交流电源作用下,流过对称三相负载的各相电流大小_____,各相电流的相位差为_____。对称三相负载作星形联结时的中性线上电流为_____。

9. 当三相负载作星形联结时,在确保三相负载_____的情况下,中性线可以去掉;当三相负载_____时,中性线不能去掉。

10. 三相负载除星形联结外,还有_____联结。对电源电压为 380 V 的三相电源来说,当负载的额定电压为 220 V 时,负载应作_____联结;当负载的额定电压是 380 V 时,负载应作_____联结。

11. 当对称三相负载作三角形联结时,负载的线电流等于相电流的_____倍,且线电流的相位_____相应的相电流相位_____。

12. 三相异步电动机接在三相交流电路中,若其额定电压等于电源的线电压,应采用_____联结,若其额定电压等于电源线电压的 $\frac{1}{\sqrt{3}}$,则应采用_____联结。

13. 当电源线电压是 380 V 时,额定电压为 220 V 的电动机的绕组应采用_____联结。

14. 当电源的线电压是 220 V 时,额定电压为 220 V 的电动机的绕组应该采用_____联结。

15. 当三相负载作三角形联结时,无论负载是否对称,负载的_____总是等于负载的线电压。

16. 无论三相负载作星形联结还是三角形联结,无论三相负载是否对称,负载的相电流总是等于_____电压除以该相负载_____的。

17. 对于三相对称负载,当负载作_____联结时,负载的线电流与相应的相电流相等;当负载作_____联结时,负载的线电流等于相应的相电流的 $\sqrt{3}$ 倍。

18. 星形联结的对称三相负载,当电源的线电压为 220 V 时,负载的相电压等于_____V。

19. 若三相负载不对称,为防止发生事故。中性线上不允许安装_____和_____。

20. 照明电路必须采用_____制,而且开关要接在_____线上。

21. 在某三相四线制供电系统中,三相对称负载星形联结,各相负载上的电流均为 5 A,则中性线电流为_____。

22. 负载作星形联结又具有中性线,并且输电线的电阻可以被忽略时,负载的线电压与电源的线电压_____。负载的线电压与相电压的大小关系为_____,相位关系为_____。

23. 中性线的颜色一般用_____。

24. 有一接成星形联结的三相对称负载,测出线电压为 380 V,相电流为 10 A。负载的功率因数为 0.75,则三相负载的有功功率为_____。

四、计算题

1. 有三个 38 Ω 的电阻,将它们连接成三角形后,接到线电压为 380 V 的对称三相交流电源上。试求:负载的线电压、相电压、线电流、相电流各是多少?

2. 有三个 22 Ω 的电阻,将它们连接成星形后,接到线电压为 380 V 的对称三相交流电源上。试求:负载的线电压、相电压、线电流、相电流各是多少?

单元练习

一、单项选择题

1.(2022 年学考真题)下列关于三相对称正弦交流电源的说法,正确的是(　　)。

A. 各相电动势瞬时值相同
B. 各相电动势初相位相同
C. 各相电动势最大值不相同
D. 各相电动势相位依次相差 $120°$

2. 已知对称三相交流电源的 V 相电压为 $e_V=380\sin(314t)$ V,则 U 相和 W 相为(　　)。

A. $e_U=380\sin\left(314t-\dfrac{\pi}{3}\right)$ V,$e_W=380\sin\left(314t+\dfrac{\pi}{3}\right)$ V

B. $e_U=380\sqrt{2}\sin\left(314t-\dfrac{2\pi}{3}\right)$ V,$e_W=380\sqrt{2}\sin\left(314t+\dfrac{2\pi}{3}\right)$ V

C. $e_U=380\sin\left(314t+\dfrac{2\pi}{3}\right)$ V,$e_W=380\sin\left(314t-\dfrac{2\pi}{3}\right)$ V

D. $e_U=380\sin\left(314t+\dfrac{\pi}{3}\right)$ V,$e_W=380\sin\left(314t-\dfrac{\pi}{3}\right)$ V

3.(2022 年学考真题)下列三相对称正弦交流电相序不属于正序的是(　　)。

A. V-U-W-V
B. V-W-U-V
C. W-U-V-W
D. U-V-W-U

4. 当三相对称电源采用星形连接时,相电压 U_P 与线电压 U_L 之间的关系为(　　)。

A. $U_L=U_P$,相位相同
B. $U_L=\sqrt{3}U_P$,相位相同
C. $U_L=\sqrt{3}U_P$,U_P 超前 U_L $30°$
D. $U_L=\sqrt{3}U_P$,U_P 滞后 U_L $30°$

5. 当三相对称电源采用三角形连接时,相电压 U_P 与线电压 U_L 之间的关系为(　　)。

A. $U_L=U_P$,相位相同
B. $U_L=\sqrt{3}U_P$,相位相同
C. $U_L=\sqrt{3}U_P$,U_P 超前 U_L $30°$
D. $U_L=\sqrt{3}U_P$,U_P 滞后 U_L $30°$

6. 在三相四线制供电系统中,若 V 相电源的瞬时值表达式为 $u_V=220\sqrt{2}\sin(314t)$ V,则 U 相电源的瞬时值表达式为(　　)。

A. $u_U=220\sqrt{2}\sin(314t-120°)$ V
B. $u_U=220\sqrt{2}\sin(314t+120°)$ V
C. $u_U=220\sqrt{2}\sin(314t-240°)$ V
D. $u_U=220\sqrt{2}\sin(314t+240°)$ V

7. 在动力供电线路中,采用星形联结三相四线制供电,交流电的频率为 50 Hz,线电压为 380 V,则(　　)。

A. 线电压为相电压的 $\sqrt{3}$ 倍
B. 交流电的周期为 0.2 s
C. 线电压的最大值为 380 V
D. 相电压的瞬时值为 380 V

8. 三相四线制供电线路中,相电压为 220 V,则火线与火线间的电压为(　　)。

A. 220 V
B. 311 V
C. 380 V
D. $380\sqrt{3}$ V

9. 三相异步电动机的六个接线柱,现把其中的三个接线柱 U_2、V_2、W_2 短接,把另三个接线柱分别接三根相线,则三相异步电动机的这种接线方式称为(　　)。

　　A. 星形联结　　　　　B. 三角形联结　　　　C. 对称联结　　　　D. 以上都不是

10. 三相四线制电源如下图所示,用电压表测量电源线的电压以确定零线,测量结果 $U_{12}=380$ V,$U_{23}=220$ V,则(　　)为零线。

```
1 ————————————
2 ————————————
3 ————————————
4 ————————————
```

　　A. 1 号线　　　　　　B. 2 号线　　　　　　C. 3 号线　　　　　D. 4 号线

11. (2019 年学考真题)我国使用的三相四线制供电线路,若某一相线与中性线间的电压为 220 V,则任意两根相线之间的电压称为(　　)。

　　A. 相电压,其有效值为 220 V　　　　　　B. 线电压,其有效值为 380 V

　　C. 相电压,其有效值为 380 V　　　　　　D. 线电压,其有效值为 220 V

12. 我国低压供电电压单相为 220 V,三相线电压为 380 V,这两个数值指的是交流电压的(　　)。

　　A. 最大值　　　　　　B. 平均值　　　　　　C. 有效值　　　　　D. 瞬时值

13. 三相五线制与三相四线制相比,多出来的那根线是(　　)。

　　A. 地线　　　　　　　B. 零线　　　　　　　C. 火线　　　　　　D. 中性线

14. (2022 年学考真题)三相四线制供电线路中,下列有关中性线的叙述正确的是(　　)。

　　A. 中性线应装开关

　　B. 中性线应装熔断器

　　C. 三相负载对称时,中性线电流为零

　　D. 三相负载不对称时,中性线电流为零

15. 对称正序三相电源星形联接,若相电压 $u_A=100\sin(\omega t-60°)$ V,则线电压 u_{AB} 为(　　)。

　　A. $100\sqrt{3}\sin(\omega t-60°)$ V　　　　　　B. $100\sqrt{3}\sin(\omega t-30°)$ V

　　C. $100\sqrt{3}\sin(\omega t+150°)$ V　　　　　　D. $100\sqrt{3}\sin(\omega t-150°)$ V

16. 三相对称负载作三角形联接时,线电流与相电流的关系是(　　)。

　　A. $I_{\triangle L}=I_{\triangle P}$　　　B. $I_{\triangle P}=\sqrt{3}I_{\triangle L}$　　　C. $I_{\triangle P}=3I_{\triangle L}$　　　D. $I_{\triangle L}=\sqrt{3}I_{\triangle P}$

17. 三相交流电动机每相绕组的额定电压为 380 V,当三个绕组接成 Y 形时,所需电源线电压的数值约为(　　)。

　　A. 220 V　　　　　　B. 318 V　　　　　　C. 380 V　　　　　D. 660 V

18. 在不断开线路的情况下,测量三相负载中的线电流,可用的仪表是(　　)。

　　A. 交流电流表　　　　　　　　　　　　　B. 直流电流表

　　C. 钳形电流表　　　　　　　　　　　　　D. 万用表

19. 一台三相电动机,绕组为星形联结,接在 380 V 的三相电源上,测得线电流为 20 A。则电动机每相绕组的阻抗大小为(　　)。

　　A. 5.5 Ω　　　　　　B. 11 Ω　　　　　　C. 19 Ω　　　　　　D. 20 Ω

20. 有一个三相电阻炉,每相电阻丝的阻值为 3.23 Ω,额定电流为 68 A,电源线电压为 380 V,则该电炉负载应接成(　　　)。

A. 星形

B. 三角形

C. 三角形或星形

D. 不能接在该电源上使用

二、判断题

1. 在电力工程中,把振幅相等、频率相同、相位彼此差为 120°的三相电动势叫作对称三相电动势。　　　　　　　　　　　　　　　　　　　　　　　　　　　　(　　)

2. 三相对称交流电源是由频率、有效值、相位都相同的三个单相交流电源组成的。

(　　)

3. 在三相电源中,相线与中性线之间的电压称为线电压。　　　　　　　　(　　)

4. 相序是指三相电动势达到最大值(或零值)的顺序。　　　　　　　　　　(　　)

5. 我国低压供电系统可以采用三相四线制,也可以采用三相三线制。　　　(　　)

6. 在三相四线制低压供电系统中,三根火线用黄绿红三色区分,零线则用白色。

(　　)

7. 电力工程上常采用黄、绿、红三种颜色分别表示 U、V、W 三根相线。　　(　　)

8. 每一相负载的阻抗大小都相等的负载可能不是三相对称负载。　　　　　(　　)

9. 在对称三相交流电路中,三相负载作星形联结时,其线电压必为相电压的 $\sqrt{3}$ 倍。

(　　)

10. 在同一个三相电源作用下,同一个对称负载作三角形联结时的线电流是星形联结时的 3 倍。　　　　　　　　　　　　　　　　　　　　　　　　　　　　　(　　)

11. 当不对称三相负载作星形联结时,中性电流不为零。　　　　　　　　　(　　)

12. 星型连接的三相对称电源,线电压的最大值是相电压最大值的 $\sqrt{2}$ 倍。　(　　)

13. 在三相四线制供电系统中,中性线上的电流是三相电流之和,所以中性线应选用截面积比火线截面积更粗的导线。　　　　　　　　　　　　　　　　　　　　(　　)

14. 三相电动机每个绕组的额定电压为 220 V,三相电源的线电压是 380 V,这台电动机的绕组不能接成三角形。　　　　　　　　　　　　　　　　　　　　　　(　　)

15. 不管三相交流电路中负载是否对称,只要负载是星形联结,中性线都是可以拆除的。　　　　　　　　　　　　　　　　　　　　　　　　　　　　　　　　(　　)

16. 在一个三相四线供电线路中,若相电压为 220 V,则线电压为 311 V。　(　　)

17. 通常在三相四线制电路中性线的干线上安装熔断器和开关。　　　　　(　　)

18. 当三相对称负载作星形联结,接在线电压为 380 V 的三相对称电源上,则负载的相电压等于电源的线电压,也为 380 V。　　　　　　　　　　　　　　　　　(　　)

19. 同一个对称三相交流电源,同一组对称三相负载,负载作三角形联结时的线电流是作星形联结时的线电流的 $\sqrt{3}$ 倍。　　　　　　　　　　　　　　　　　(　　)

20. 在三相对称电源作用下,同一对称负载作星形联结时的总功率是三角形联结时的 $\sqrt{3}$ 倍。　　　　　　　　　　　　　　　　　　　　　　　　　　　　(　　)

三、填空题

1. 在工程上,把_____、_____、_____的三个正弦交流电源称为三相正弦对称电源。

2. 已知对称三相交流电源的电动势的瞬时值表达式为:$e_U = E_m \sin(\omega t)$;则另外两相 $e_V = $_____ ;$e_W = $_____。

3. 我国低压三相四线制供电系统中,$U_L = $_____ V,$U_P = $_____ V。

4. (2019年学考真题)我国使用的低压三相四线制供电线路中,供给用户的相电压为_____V。

5. 由三根相线和一根中性线组成的供电系统称为_____供电系统,通常在_____系统中采用;在高压输电系统中,通常采用只由三根相线组成的_____供电系统。

6. 三相四线制的线电压是相电压的_____倍,线电压的相位超前相电压_____。

7. 在三相四线制供电系统中,三相对称电源的相电压为_____V,线电压为_____V。

8. (2019年学考真题)三相四线制供电系统是指三根_____线和一根_____线组成的供电系统。

9. 在我国供电系统中,低压供电系统通常采用_____制输电,能输出_____种电压;而高压输电系统则通常采用_____制,能输出_____种电压。

10. 在我国低压配电线路中,线电压为_____V,相电压为_____V。

11. 三相照明电路必须采用_____制供电方式。

12. (2022年学考真题)在三相五线制供电系统中,PE线用_____双色线。

13. 在三相交流电路中,各相负载的_____和_____都相等的三相负载称为三相对称负载。

14. 三相负载的连接方式有_____和_____两种,符号分别为_____和_____。

15. 当对称负载作星形联接时,线电压是相电压的_____倍;作三角形联接时,线电压是相电压的_____倍。

16. 在负载作星形联结的三相交流电路中,无论线路是否具有中性线,无论负载是否对称,负载的相电流与线电流总是_____。

17. 三相电动机上常有"220/380(V)、△/Y"这样的标牌,说明负载的额定电压是_____V。

18. 在对称三相交流电路中,若 $i_U = 4\sqrt{2}\sin(314t + 30°)$ A,则 $i_V = $_____,$i_W = $_____。

19. 三相负载接到线电压为380 V的三相对称电源上,若各相负载的额定电压为380 V,则负载应作_____联结;若各相负载的额定电压为220 V,则应作_____联结。

20. 用三相四线制供电,线电流等于相电流_____倍,线电压等于相电压的_____倍。如果三相负载是对称的,则中性线上的电流等于_____。

21. 有一台三相异步电动机,每相绕组的额定电压是220 V,当它们接成星形时,应接到线电压为_____的三相交流电源上才能正常工作;当它们接成三角形时,应接到线电压为_____的三相交流电源上才能正常工作。

22. 三相照明电路必须采用_____供电,三相电动机通常采用_____供电。

第六章　安全用电

第一节　触电及其防护

 **思维导图**

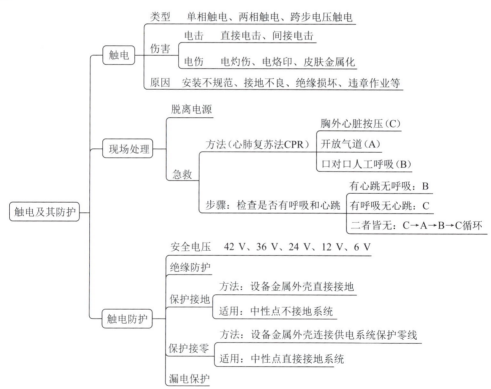

 **学习任务**

1. 了解人体触电的类型及常见原因；

2. 了解保护接地、保护接零的原理及应用；

3. 了解安全电压等级；

4. 理解触电现场的处理措施；

5. 掌握防止触电的保护措施。

 **知识梳理**

一、触电

人体触及带电体时，因电流通过人体对人体产生伤害的现象称为触电。

1. 触电的形式

常见的触电类型有单相触电、两相触电和跨步电压触电，如图 6-1-1 所示。

（1）单相触电

单相触电是指人体接触带电设备或线路中的某一相带电体的触电事故，如图 6-1-1（a）所示。

（2）两相触电

两相触电是指人体的两处分别触及两相带电体的触电事故，如图 6-1-1（b）所示。

（3）跨步电压触电

跨步电压触电是指人站在距离高压电线落地点附近，由于两脚与落地电线的距离不等，两脚间形成电位差，于是电流通过人体，发生触电事故，如图 6-1-1（c）所示。离漏电点 20 米以外的地面，可以认为电位为零。如发生跨步电压触电，应双脚并拢，跳出触电区。

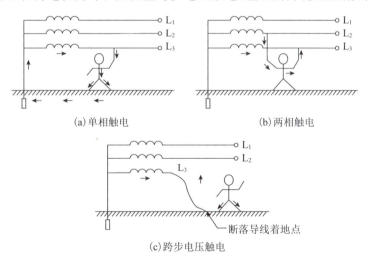

(a) 单相触电　　　　　　　　　　　(b) 两相触电

(c) 跨步电压触电

图 6-1-1　常见的触电类型

2. 触电的伤害

电流对人体的伤害分为电击和电伤两种类型。

（1）电击

电击是由于电流通过人体而造成的内部器官在生理上的反应和病变。电击是触电事故中最危险的一种。电击又可分为直接电击和间接电击。

直接电击是指人体直接触及正常运行的带电体而发生的电击。间接电击是指当电气设备发生故障后,人体触及意外带电部分而发生的电击。

(2)电伤

电伤是由于电流的热效应、化学效应和机械效应对人体外表造成的局部伤害,可分为电灼伤、电烙印和皮肤金属化三种。

电灼伤是指电弧灼伤或高压触电时电流流过人体皮肤的进出口造成的灼伤。

电烙印是指人体与带电体之间良好接触下,皮肤表面会留下与带电接触体形状相似的肿块痕迹。

皮肤金属化是指由于电弧温度过高,周围金属熔化后蒸发或飞溅到人体皮肤表面形成的伤害。

触电对人体的伤害程度,与电流的频率和大小、通电时间的长短、电流流过人体的途径、作用在人体上的电压,以及触电者本人的情况等多种因素有关。电流的频率在 $50\sim60$ Hz 时对人体来说最危险。

人体能摆脱握在手中的带电体的最大电流称为安全电流(约 10 mA)。

安全电压是在一定条件下、一定时间内不危及生命安全的电压。我国把安全电压分为五个等级,分别是 42 V、36 V、24 V、12 V 和 6 V(GB3805—1983)。一般环境条件下的安全特低电压是 36 V,持续接触安全电压为 24 V。安全电压等级及适用场合如表 6-1-1 所示。

表 6-1-1　安全电压等级适用场合

安全电压(50 Hz 交流有效值)	适用场合举例
42 V	在有危险的干燥场所使用的手持电动工具
36 V	有电击危险的环境,如矿井、多导电粉尘及类似场所使用的行灯
24 V	有电击危险的环境
12 V	有特别触电危险的环境,如特别潮湿、金属容器内的手持照明灯
6 V	特殊场所,如水下作业

现行 GB/T 3805—2008 规定安全特低电压限值分正常和故障两种状态,正常状态下,交流电压限值为 33 V,直流电压限值为 70 V;故障状态下,交流电压限值为 55 V,直流电压限值为 140 V。GB 55024—2022《建筑电气与智能化通用规范》中规定特低电压配电系统的电压不应超过交流 50 V 或直流 120 V。

二、触电的原因

发生触电事故的原因有很多,如临时线路安装不规范、设备接地不良、设备绝缘损坏、裸露带电导线、忽视安全操作规程、违章冒险作业、意外事故等。

三、触电现场的处理

触电现场的处理就是对触电者的救护,而触电者能否获救,关键在于能否尽快脱离电源和实行紧急救护。触电现场急救的原则是迅速、就地、准确、坚持。

1. 脱离电源

发现有人触电后,首先应设法切断电源。为使触电者迅速脱离电源,应根据现场条件,果断采取适当的方法和措施。

(1)脱离低压电源

使触电者脱离低压电源的具体方法,归纳起来有"拉""切""挑""拽"四个字。

① 拉:首先拉闸断电。触电附近地点有电源开关或插头的,可立即拉开开关或拔下插头,断开电源。

② 切:切断电源线。如果触电附近没有或一时找不到电源开关或插头,则可用电工绝缘钳或干燥木柄铁锹、斧子等切断电线断开电源,断线时应做到一相一相切断,在切断护套线时应防止短路电流弧光伤人。

③ 挑:用绝缘物品挑开电源。当电线或带电体落在触电人身上或被压在身下时,可用干燥的衣物、木棍等绝缘物品作为工具,挑开电线或拉开触电者,使之脱离电源。

④ 拽:拽离电源。救护人员可站在干燥木板或橡胶垫上,单手拖拽触电者不贴身的衣服,使之脱离电源。

(2)脱离高压电源

由于高压装置的电压等级高,一般绝缘物品不能保证救护人的安全,而且高压电源开关距离现场较远,不能拉闸。因此,使触电者脱离高压电源的方法与脱离低压电源的方法有所不同,具体如下。

① 立即电话通知有关部门停电。

② 使用相同绝缘等级的工具断开电源。

③ 如果无法迅速切断电源,可采用抛挂足够粗的适当长度的金属短路线的方法使线路短路,迫使继电保护装置动作。

④ 若是触电者触及断落在地上的高压线,为防止跨步电压触电。进入范围的人员应穿绝缘靴或临时双脚并拢跳跃地接近触电者。触电者脱离电源后,应带至跨步电压区域以外,确认无电,方可救护。

2. 现场急救

触电者脱离电源后,应立即就近移至干燥通风的场所,再根据实际情况进行现场救护,同时拨打"120"电话,通知医务人员到现场,并做好送往医院的准备工作。

(1)检测触电者情况

使触电者脱离电源后,应立即进行生理状态的判定,只有经过正确的判定,才能确定抢救方法。

① 检查触电者神志是否清醒。

可轻拍触电人员的肩膀(注意不要用力过猛或摇头部,以免加重可能存在的外伤),并在耳旁大声呼叫。当呼之毫无反应时,可判定意识已经丧失。该判定过程应在 5 秒内完成。

当触电人员意识已经丧失时,应大声呼救。同时,应让触电者平躺在通风干燥的地方,清理气道,清除触电者口、鼻中的异物,解开围巾、领带、衣扣、皮带等。

② 检查触电者是否有自主呼吸和心跳。

在保持气道开放的情况下,判定有无呼吸的方法有"看、听、试"。该判定应在 3～5 s 内完成。

a. 看:用眼睛观察触电人员的胸腹有无起伏。

b. 听:用耳朵贴近触电人员的口、鼻,听其有无呼吸的声音。

c. 试:用脸或手贴近触电人员的口、鼻,测试有无气体排出;以一手食指和中指触摸触电人员颈动脉以感觉有无搏动,也可用一张薄纸片放在其口、鼻上,观察纸片是否动。

(2)选择救治措施

根据触电者情况,选择恰当的救治措施。

① 触电者神志清醒,只是有些心慌、四肢发麻、全身无力,一度昏迷,但未失去知觉,此时应使触电者静卧休息,不要走动,同时应严密观察。

② 触电者无呼吸,但有心跳,应立即进行人工呼吸。

③ 触电者有呼吸,但无心跳,则应立即进行胸外心脏按压法。

④ 触电者心脏和呼吸都已停止,这时应立即采用心肺复苏法进行救治。

(3)口对口(鼻)人工呼吸法

触电者有心跳无呼吸,且口鼻未受伤,采用口对口人工呼吸法,如图 6-1-2 所示。

① 清除口中异物。使触电者仰卧,然后将其头偏向一侧,用手指清除触电者口中异物,包括假牙等。

② 保持气道通畅。抢救者在触电者的一边,一只手手掌外缘压住其额头部,另一只手托在其颈下,将颈部上抬,使触电者头部后仰,如图 6-1-2(a)所示。

③ 口对口人工呼吸。施救者一手紧捏触电者的鼻子,另一只手掰开触电者的嘴,如图 6-1-2(b)所示。深吸一口气,然后用嘴紧贴触电者的嘴吹气,如图 6-1-2(c)所示。同时观察触电者的胸部是否隆起,以确定吹气是否有效和适度。

口对口吹气的压力要掌握好,刚开始时可略大一点,频率稍快一些,经 10～20 次后逐步减小压力,维持胸部轻度升起即可。对幼儿吹气时,不能捏紧鼻孔,应让其自然排气。

吹气量按国际标准规定为 800～1200 mL(成年人)。

④ 自然排气。吹气停止后,施救者头稍偏转,并立即放松捏紧触电者鼻孔的手,让气体从触电者的肺部自然排出,如图 6-1-2(d)所示。此时应注意胸部复原的情况,倾听呼气的声音,观察有无呼吸道梗阻。

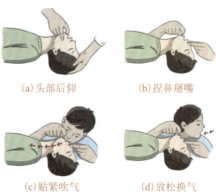

(a)头部后仰 (b)捏鼻掰嘴

(c)贴紧吹气 (d)放松换气

图 6-1-2 人工呼吸法

按以上步骤反复进行,每分钟吹气 10～12 次,即每 5～6 s 吹一次(吹气持续时间为 2 s)。直至触电者恢复呼吸。

(4)胸外心脏按压法

① 使触电者仰卧在硬板上或比较紧实的地方。

② 抢救者跨跪在触电者臀部两侧,或跪在触电者一侧,按压位置位于触电者胸骨中下三分之一处,或两乳连线的中间。一只手放在该位置且手指上翘,使手指不接触胸壁,另一只手掌压在前手掌上,双手交叉,双臂伸直,以掌根着力按压,如图 6-1-3 所示。

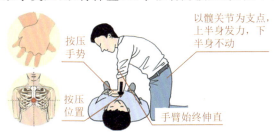

图 6-1-3　胸外心脏按压法

③以髋关节为支点,利用身体的重力使手臂垂直向下挤压,下压深度成人 5～6 厘米、儿童 1～2 厘米。

④ 挤压到位后上半身及手臂立即上移,掌根仍与按压位置接触但不施力,让触电者胸廓回弹至完全复原。

重复以上步骤,每分钟按压 100～120 次,直到触电者恢复心跳为止。

(5)心肺复苏法

心肺复苏法简称 CPR,是针对骤停的心脏和呼吸采取的抢救措施。心肺复苏包含三项基本措施,分别是胸外心脏按压(C)、开放气道(A)、口对口人工呼吸(B),可一人操作,也可两人操作。

针对呼吸和心跳均停止的触电者,应立即采取心肺复苏法,以 C-A-B 的顺序实施紧急救护,每 30 次按压胸部后,进行 2 次人工呼吸,如此交替进行。心搏骤停后的黄金抢救时间为 4～6 min,国际心肺复苏指南强调持续有效的胸外按压,快速有力,尽量不间断,因此也可只进行胸外心脏按压。

四、防止触电的措施

防止触电的安全措施有:选用安全电压等级下的用电设备;正确安装用电设备;采取绝缘防护、保护接地和保护接零;使用漏电保护装置等。

1. 正确安装用电设备

电气设备要按说明书要求正确安装,不得随意更改。带电部分必须有防护罩或放到不易接触的高处,防止误触。

2. 绝缘防护

绝缘防护是指利用绝缘材料对带电导体进行封闭和隔离的措施。绝缘通常可分为气体绝缘、液体绝缘和固体绝缘三种,电气绝缘防护一般采用固体绝缘。电线电缆的绝缘保护层、电工工具的绝缘手柄、绝缘胶带、电线管、绝缘子等都是常见的绝缘防护手段。绝缘老化、绝缘损坏、绝缘击穿都是引起绝缘事故的原因。为避免发生绝缘事故,应注意使用合格的电气产品,避免过负荷运行,定期进行绝缘预防性试验等。

3. 保护接地

保护接地是将电气设备的金属外壳与埋入地下的接地体可靠连接,如图 6-1-4 所示。接地电阻一般不超过 10 Ω。保护接地适用于中性点不接地的供电系统。

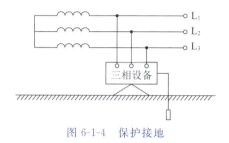

图 6-1-4　保护接地

4. 保护接零

保护接零是将电气设备的金属外壳与供电系统的零线可靠连接,如图 6-1-5 所示,适用于中性点直接接地的低压供电系统。

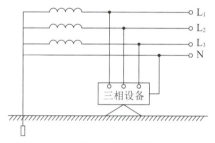

图 6-1-5　保护接零

在三相五线制系统中,将电气设备的金属外壳与供电系统的保护零线进行可靠连接,如图 6-1-6 所示。保护零线即平时所说的地线(PE 线),工作零线即平时所说的中性线(N 线)。

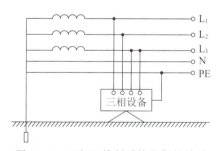

图 6-1-6　三相五线制系统的保护接零

注意:

① 保护接地和保护接零不得混用,即在同一个供电线路上不允许一部分电气设备保护接零、一部分电气设备保护接地。

② 变压器中性点接地称为工作接地。

5. 漏电保护

漏电保护装置可以防止由漏电引起的触电事故及单相触电事故,低压配电系统中的漏电保护装置的选用及安装方法已在第四章第六节中阐述。

强化训练

一、单项选择题

1. 触电时人体受威胁最大的器官是(　　)。
A. 皮肤　　　　　　B. 大脑　　　　　　C. 心脏　　　　　　D. 四指

2. (2019年学考真题)在触电事故中,下列最危险的一种是(　　)。
A. 电击　　　　　　B. 电烙印　　　　　C. 皮肤金属化　　　D. 电灼伤

3. (2022年学考真题)当高压电线落在地面上,人走在周围时,易发生的触电方式是(　　)。
A. 单相触电　　　　　　　　　　B. 两相触电
C. 跨步电压触电　　　　　　　　D. 感应触电

4. 当人体触电时,(　　)的路径是最危险的。
A. 左手到前胸　　B. 右手到左脚　　C. 右手到脚　　D. 左手到右脚

5. 人体同时触及两相带电体所引起的触电事故,称为(　　)。
A. 接触电压触电　B. 跨步电压触电　C. 单相触电　　D. 两相触电

6. 感知电流是使人有感觉的(　　)电流。
A. 瞬时　　　　　　B. 最大　　　　　　C. 最小　　　　　　D. 平均

7. 摆脱电流是人触电后能自主摆脱带电体的(　　)电流。
A. 最小　　　　　　B. 平均　　　　　　C. 瞬时　　　　　　D. 最大

8. 一般情况下,规定安全电压是(　　)V以下。
A. 12　　　　　　　B. 36　　　　　　　C. 50　　　　　　　D. 220

9. 在金属容器内,应采用(　　)安全电压。
A. 6 V　　　　　　B. 12 V　　　　　　C. 36 V　　　　　D. 以上均可

10. 被电击的人能否获救,关键在于(　　)。
A. 触电的形式　　　　　　　　　B. 能否尽快脱离电源和施行正确的救护
C. 触电的方式　　　　　　　　　D. 人体电阻的大小

11. (2019、2021年学考真题)对"有心跳而呼吸停止"且"口鼻未受伤"的触电者应采用的急救方法是(　　)。
A. 口对口人工呼吸法　　　　　　B. 胸外心脏按压法
C. 俯卧压背法　　　　　　　　　D. 牵手人工呼吸法

12. 触电者呼吸和心跳都停止,应采取(　　)。
A. 胸外心脏按压法　　　　　　　B. 心肺复苏法
C. 注射强心剂　　　　　　　　　D. 人工呼吸法

13. 如果发现有人发生触电事故,首先必须(　　)。
A. 立即进行现场紧急救护　　　　B. 尽快使触电者脱离电源
C. 大声呼救　　　　　　　　　　D. 迅速打电话叫救护车

14. 对触电者进行口对口人工呼吸操作时,需掌握在每分钟(　　)。

A. 5～10 次　　　　　　B. 12～16 次　　　　　C. 20 次　　　　　　D. 40 次

15. 胸外按压要以均匀速度进行,每分钟(　　)。

A. 大于 120 次　　　　B. 小于 80 次　　　　C. 80～100 次　　　　D. 100～120 次

16. 在三相五线制配电网中,工作零线用(　　)表示。

A. N　　　　　　　　B. PE　　　　　　　C. PEN　　　　　　D. L

17. 保护接地主要应用在(　　)的电力系统中。

A. 中性点直接接地　　B. 中性点不接地　　C. 中性点接零　　D. 以上都可

18. 用电设备金属外壳接地是(　　)。

A. 工作接地　　　　　B. 保护接地　　　　C. 保护接零　　　D. 无作用

19. 在三相交流电源的中性点不接地的系统中,常用的电气设备保护措施是(　　)。

A. 保护接地　　　　　　　　　　　　　B. 保护接零

C. 既保护接零又保护接地　　　　　　　D. 以上都不对

20. 关于保护接地与保护接零,以下说法错误的是(　　)。

A. 保护接地主要应用于中性点不接地的电力系统中

B. 保护接零广泛应用于中性点直接接地的 380 V/220 V 三相四线制系统

C. 保护接地与保护接零可以混用

D. 保护接地与保护接零都能对人起到保护作用

21. 变压器的中性点接地是(　　)。

A. 工作接地　　　　　B. 保护接地　　　　C. 重复接地　　　D. 无作用

22. 为了保证三相四线制的低压供电系统的中性线有良好的接地,措施是(　　)。

A. 既做保护接地又做重复接地　　　　B. 既做工作接地又做保护接地

C. 既做保护接零又做保护接地　　　　D. 既做工作接地又做重复接地

二、判断题

1. 据统计,人体的电阻约为 800～1000 Ω,当皮肤出汗时人体电阻还会减小。　　(　　)

2. 一般情况下,在触电事故中,单相触电的较多。　　(　　)

3. 电流通过人体的途径从右手到前胸是最危险的电流途径。　　(　　)

4. 遇到高压线落地时,人走到高压线着地地点,可能发生跨步电压触电。　　(　　)

5. 影响触电后果的因素是电流的大小及频率。　　(　　)

6. 各种触电事故中,最危险的一种是电击。　　(　　)

7. 触电时频率越高的电流,对人体越危险。　　(　　)

8. 为了保障人身安全,在正常情况下,电气设备的安全电压规定为不超过 36 V。　　(　　)

9. 触电事故的处理顺序是切断电源—急救—同时打电话援助。　　(　　)

10. "拉""切""挑""拽""垫"是解救触电者脱离低压电源的方法。　　(　　)

11. 对有呼吸但无心跳者应采用胸外心脏按压法进行现场救护。　　(　　)

12. 未经医生允许可以给心脏停止跳动的触电者注射强心针。　　(　　)

13. (2022 年学考真题)在医务人员到达现场前,不得放弃对触电者进行急救。　　(　　)

14. 触电者能否获救,取决于能否尽快脱离电源和正确的紧急救护。　　　　　　（　　）

15. 触电人员如神志清醒,应使其在通风,暖和处静卧观察,暂时不要走动。　　（　　）

16. 通畅触电者的气道可用仰头抬颌法。　　　　　　　　　　　　　　　　　（　　）

17. 当触电者心脏停止跳动后,可停止急救措施。　　　　　　　　　　　　　　（　　）

18.(2021年学考真题)当触电者心跳和呼吸都停止时,一个抢救人员可以对触电者既进行人工呼吸,又进行胸外心脏按压。　　　　　　　　　　　　　　　　　　（　　）

19. 采用三相四线制供电时,中性线接开关可以更灵活控制线路。　　　　　　（　　）

20. 所谓电气设备外壳带电,是指它有一定的对地电压。　　　　　　　　　　（　　）

21. 在保护接零的中性线上装设熔断器之类的切断装置是行之有效的保护措施。（　　）

22.(2021年学考真题)保护接地和保护接零都可以有效防止触电事故的发生,在同一系统内将两者混合使用有利于安全。　　　　　　　　　　　　　　　　　　　（　　）

23.(2022年学考真题)电气设备安装时,可以将接地线接在水管或煤气管道上使用。（　　）

24.(2021年学考真题)在日常生活中,用干布擦拭灯具比较安全,不需要断电。（　　）

25.(2022年学考真题)将电气设备电源插头的三个插脚改为两个插脚应急使用,不会引发安全问题。　　　　　　　　　　　　　　　　　　　　　　　　　　　（　　）

三、填空题

1. 触电可分为_____和_____两种类型。

2.(2021年学考真题)常见的人体触电形式主要有单相触电、_____触电、_____触电等。

3.(2022年学考真题)电流从电源某一相经人体流入大地引起的触电现象属于_____触电。

4. 常见的人体触电方式有_____触电,人体两端是_____电压;_____触电,人体两端是_____电压。其中_____触电方式对人体更危险。

5. 触电对人体的伤害程度与电流频率有关。实践证明,频率为_____Hz的电流最危险。

6.(2021年学考真题)在水下等场所作业时,安全电压的等级为_____V。

7. 从安全用电的角度出发,将电流分为三级:感知电流、_____电流、_____电流。

8. 人体安全电压是指_____V及以下的电压,潮湿时为_____V或_____V以下的电压。

9. 将电气设备不带电的_____用足够粗的导线与大地可靠地连接起来的方式叫电气设备的_____;将电气设备不带电的_____与供电系统的零线(中性线)可靠地连接起来的方式叫电气设备的_____。

10. 保护接地是指为了保障人身安全,避免发生_____,将电气设备在正常情况下不带电的金属部分与_____作电气连接。

11. 在中性点直接接地的380 V/220 V三相四线制系统中,广泛采用_____作为防止间接触电的保护技术措施。

12.(2021年学考真题)在中性点不接地的供电系统中,应选用保护接_____。

第二节　电气火灾的防范与扑救

 **思维导图**

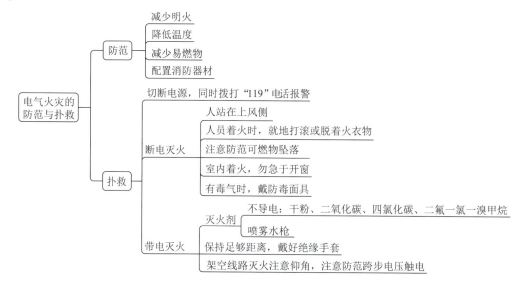

 **学习任务**

1. 了解电气火灾的防范常识；
2. 了解电气火灾的扑救常识。

知识梳理

电气火灾是危害性极大的灾难性事故。引起电气火灾的原因很多,如设备选择不当；过载、短路或漏电；电路接触不良；雷击、静电等。这些都可能引起高温、高热,或产生电弧、放电火花,从而引发火灾事故。

一、电气火灾的防范

1. 减少明火

应按场所的危险等级正确选择、安装、使用和维护电气设备及电气线路,并按规定采取可靠接地、接零等保护措施,装设防雷装置,减少静电的产生和积累。用电设备发生故障应停用并及时检修,进入易引起火灾场所作业时应禁烟禁火。

2. 降低温度

在线路设计上,应充分考虑负载容量及过载能力。使用时,应禁止超载及乱接乱拉电线,做好散热措施,保持通风。电气设备运行中应监视设备温度,防止过热引起火灾。

3. 减少易燃物

制造和安装电气设备时,选用具有一定阻燃力的材料,减少潜在火源。在电气设备可能产生电弧、火花等明火附近不得堆放易燃物。

4. 配置消防器材

对于易引起火灾的场所,应按消防规定在显眼处配置灭火器等消防器材。

二、电气火灾的扑救

电气火灾有两个特点:一是着火的电气设备可能带电,扑救时可能发生触电;二是有些电气设备易发生爆炸导致火灾扩大。因此扑救电气火灾要采取正确的措施。

1. 切断电源

当发生电气火灾时,首先应切断电源,防止事故扩大和火势蔓延以及灭火时发生触电事故,同时拨打"119"电话报警。切断电源时的注意事项如下:

① 拉闸时最好使用绝缘工具操作。

② 切断电源的地点选择恰当,防止切断电源后影响灭火。

③ 线路有负载时,应尽可能先切除负载,再断电。

④ 注意拉闸顺序,高压设备应先断开断路器,再拉隔离开关。

⑤ 若要剪断电线,非同相导线应在不同部位剪断,防止发生短路。

2. 断电灭火

着火的电气设备断电后,扑灭电气火灾注意事项如下:

① 灭火人员要站在上风侧进行灭火。

② 灭火人员身上着火时,应就地打滚或脱下着火衣物,可用湿麻袋或湿棉被覆盖身上,不得用灭火器直接对着着火人员喷射。

③ 灭火时要注意防范可燃物坠落造成人身伤害。

④ 室内着火时,切勿急于开窗,以防空气对流加重火势。

⑤ 火灾现场如发现有毒烟气,应佩戴防毒面具。

3. 带电灭火

当现场来不及断电或无法断电时,需进行带电灭火。带电灭火的注意事项如下:

① 应选用不导电的灭火剂,不能用水或泡沫灭火器灭火。因为水和泡沫灭火器的溶液都是导体,如电源未被切断,救火者有可能触电。发生电气火灾时,应使用干粉、二氧化碳、四氯化碳、二氟一氯一溴甲烷(1211)等灭火器灭火,也可用干燥的黄沙灭火。

② 要保持人及所使用的导电消防器材与带电体之间有足够的安全距离,扑救人员应戴绝缘手套。

③ 对架空线路等空中设备进行灭火时,人与带电体之间的仰角不应超过 45°,而且应站在线路外侧,防止电线断落后触及人体。如带电体已断落在地,应划出一定警戒区,以防跨步电压触电。

④ 可采用喷雾水枪灭火,喷雾水枪喷出的水柱泄漏电流较小,较安全。在高层建筑、商

场等场所采用的自动喷水灭火系统中就有喷雾灭火方式。

 **强化训练**

一、单项选择题

1. 电气线路引起火灾的主要原因不包括(   )。

A. 短路   B. 断路   C. 过载   D. 接触不良

2. 下列情况不会产生电火花的是(   )。

A. 电路短路   B. 电路开关打开时

C. 电气设备漏电   D. 使用防爆手电筒

3. 以下情况不会产生静电的是(   )。

A. 衣物摩擦   B. 研磨粉状物料   C. 快速搅拌液体   D. 给粉尘喷水

4. 下列行为中没有火灾隐患的是(   )。

A. 电动车入户充电   B. 上课时将手机留在宿舍充电

C. 祭祀时用不锈钢烧纸桶烧纸   D. 携带打火机坐动车

5. 使用消防灭火器灭火时,人应站立在(   )。

A. 上风口   B. 下风口

C. 侧风方向   D. 不确定

6. 使用灭火器灭火时,要对准火焰的(   )喷射。

A. 上部   B. 中部

C. 根部   D. 中上部

7. 发生电火警时,不应选用的灭火器是(   )。

A. 普通灭火器   B. 二氧化碳灭火器

C. 干粉灭火器   D. 1211 灭火器

8. 泡沫灭火器不能用于(   )引起的初起火灾。

A. 油脂类   B. 石油类

C. 电气设备   D. 森林树木

9. 当发生电火警时,正确的紧急处理方法是(   )。

A. 首先救火,然后报警,最后切断电源

B. 首先报警,然后救火,最后切断电源

C. 首先切断电源,然后救火,同时报警

D. 首先救火,然后切断电源,最后报警

10. 电气设备或电气线路发生火灾时应立即(   )。

A. 设置警告牌或遮拦   B. 用沙灭火

C. 用水灭火   D. 切断电源

11. 我国火警电话是(   )。

A. 110   B. 119

C. 120   D. 911

12. 以下（   ）不是常用的防雷装置。

A. 临时接地线
B. 避雷针
C. 避雷线
D. 避雷网

二、判断题

1. 动火后"一清"是指动火人员和现场安全负责人在动火后,应彻底清理现场火种后才能离开。（   ）

2. 电气设备着火时,必须首先切断电源。（   ）

3. 防雷装置的本质是把雷电引入大地。（   ）

4. 漏电保护装置可以防止漏电引起的火灾。（   ）

5. 雷暴天气时,应注意关闭门窗,以防止球雷进入户内造成危害。（   ）

6. 消防的工作方针是"预防为主,防消结合"、"以防为主,以消为辅"。（   ）

7. 失火后能及时扑救而未成灾的称为火警。（   ）

8. 在扑救电气火灾时,可以使用泡沫灭火器。（   ）

9. 电气火灾发生后,可以直接用手拉闸断电。（   ）

10. 泡沫灭火器使用时要将筒身倒置。（   ）

11. 干粉灭火器使用时要先将保险销打开,再压下顶针,即可喷出干粉灭火。（   ）

12. 油罐车尾部常拖着一条金属链是为了将静电导入地面。（   ）

13. 造纸、塑料、纺织等行业常使用静电中和器来消除静电。（   ）

14. 在加油站工作时可以抽烟。（   ）

15. 剪断电线时,不同相的电线可以在相同的部位剪断。（   ）

16. 室内着火时,为防止中毒,应立刻打开窗户通风。（   ）

17. 灭火时可以站在任意方向用灭火器灭火。（   ）

18. 架空线路灭火时要注意观察,防止发生跨步电压触电。（   ）

单元练习

一、单项选择题

1. 下列做法符合安全用电的是（　　）。

A. 湿手去开灯　　　　　　　　　　　　B. 在电线上晾衣服

C. 用铜丝代替保险丝　　　　　　　　　D. 使用验电笔时，手不能碰触笔尖

2. 关于家庭电路，下列做法不符合安全用电常识的是（　　）。

A. 发现有人触电，应首先切断电源

B. 检修电路故障时，应尽量在通电情况下作业

C. 有金属外壳的用电器，金属外壳一定要接地

D. 为保证电路安全，家里尽量不要同时使用多个大功率电器

3. 同等强度下，以下电流频率中会对人体造成最大伤害的是（　　）。

A. 0 Hz　　　　　　　B. 50 Hz　　　　　　　C. 500 Hz　　　　　　D. 5000 Hz

4. 下图所示的触电方式是（　　）。

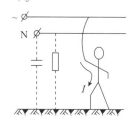

A. 单相触电　　　　B. 两相触电　　　　C. 跨步电压触电　　　D. 雷击触电

5. 下图所示的触电方式是（　　）。

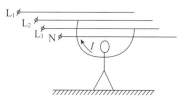

A. 单相触电　　　　B. 两相触电　　　　C. 跨步电压触电　　　D. 雷击触电

6. 以下不是电气事故发生原因的是（　　）。

A. 私自乱拉、乱接电线　　　　　　　　B. 电线绝缘老化，出现漏电

C. 没有采取防火防爆措施　　　　　　　D. 没有采取安全防护措施防范高压

7. 我国规定的安全电压等级不包含（　　）。

A. 12 V　　　　　　B. 24 V　　　　　　C. 36 V　　　　　　D. 48 V

8. 在湿度大、狭窄、行动不便的场合使用的手提照明器具应该采用（　　）电压。

A. 12 V　　　　　　B. 24 V　　　　　　C. 36 V　　　　　　D. 48 V

9. 电伤是指电流对人体（　　）的伤害。

A. 表皮 　　　　B. 内部组织 　　　　C. 神经 　　　　D. 局部

10. 同时进行人工呼吸和胸外心脏按压急救时，按压与吹气的节奏是（　　）。

A. 30∶1 　　　　B. 30∶2 　　　　C. 30∶3 　　　　D. 30∶4

11. 心肺复苏中的胸外心脏按压频率应不小于（　　）。

A. 30 次／分 　　B. 60 次／分 　　C. 90 次／分 　　D. 100 次／分

12. 心肺复苏中的胸外心脏按压时应双手重叠，以（　　）部位按压。

A. 掌根 　　　　B. 掌心 　　　　C. 手指 　　　　D. 手腕

13. （　　）是电气设备最严重的一种故障状态，会产生电弧或火花。

A. 过载 　　　　B. 短路 　　　　C. 欠压 　　　　D. 过压

14. 下列有关中性线的描述，正确的是（　　）。

A. 中性线的作用是保证不对称三相负载的相电流对称

B. 三相照明线路作星形联结时的中性线不可以去掉

C. 为了保证安全，中性线上必须安装熔断器

D. 三相负载作星形联结时，中性线可以去掉

15. 在三相交流电源的中性点不接地的系统中，用足够粗的导线将电气设备的金属外壳与大地连接起来，叫作（　　）。

A. 保护接零 　　B. 保护接地 　　C. 重复接地 　　D. 工作接地

16. 保护接零是将正常情况下不带电的电器的金属外壳与（　　）相连进行保护。

A. 大地 　　　　B. 零线 　　　　C. 相线 　　　　D. 火线

17. 下列导线色标，表示接地线颜色的是（　　）。

A. 黄色 　　　　B. 绿色 　　　　C. 蓝色 　　　　D. 黄绿双色

18. 家庭用电为了防止家用电器外壳带电而发生触电应加装（　　）。

A. 熔断器 　　　B. 热继电器 　　C. 过流继电器 　　D. 漏电保护器

19. 按照国际最新 CPR 急救指南，对触电后心搏骤停患者进行心肺复苏急救时，首先要做的是（　　）。

A. 通畅气道 　　B. 人工呼吸 　　C. 胸外心脏按压 　　D. 呼救

20. 发现电气设备着火时，首先应该做的是（　　）。

A. 找到电源开关并切断 　　　　　　　　B. 呼救

C. 逃离 　　　　　　　　　　　　　　　D. 观望

二、判断题

1. 断电检修电压电气设备时，可以不验电直接检修。（　　）

2. 一般情况下，两相触电最危险。（　　）

3. 电击伤人的程度不止取决于流过人体电流的频率大小。（　　）

4. 对于中性点接地的三相四线制系统，采用保护接地能有效防止触电事故。（　　）

5. （2021 年学考真题）某工作场所的安全电压等级为 24 V，说明在该工作场所中，高于 24 V 的电压是不安全的。（　　）

6. 跨步电压触电属于直接接触触电。 （　　）

7. 在进行三相异步电动机的实验时，某同学不小心触碰到电源进线中的 L_1 线，他的行为属于两相触电。 （　　）

8. 一般认为距离掉落的高压电线 20 m 以上时，没有跨步电压触电危险。 （　　）

9. 在任何环境下，36 V 都是安全电压。 （　　）

10. 高温和潮湿环境不会使电线电缆绝缘层的电气性能下降。 （　　）

11. 电工作业人员应经过专业培训，持证上岗。 （　　）

12. 应该定期检查线路和设备的工作情况，及时维护和保养。 （　　）

13. 在高压线路附近施工时，应采取安全防护措施。 （　　）

14. 保护接地适用于中性点接地的三相供电系统。 （　　）

15. 在同一低压电网中，保护接地与保护接零不能混用。 （　　）

16. 对有心跳但无呼吸者应采用胸外按压法进行现场救护。 （　　）

17. 当发现触电者心跳停止时，应立即采取心肺复苏法进行急救。 （　　）

18. 实施心肺复苏中的开放气道时，要清理施救对象口腔、鼻腔中的异物，如有假牙也必须拿出。 （　　）

19. 胸外心脏按压的正确位置在人体胸部左侧，即心脏处。 （　　）

20. 为使触电者气道畅通，可在触电者头部下面垫枕头。 （　　）

21. 有经验的电工，停电后也需要再用验电笔测试才可进行检修。 （　　）

22. 尽量避免带电操作，手湿时更应避免带电操作，在进行必要的带电操作时，应尽量单手操作，同时最好有人监护。 （　　）

23. 家中电气设备着火，应立即拉闸断电。 （　　）

24. 充电中的电动车起火，可以用泡沫灭火器灭火。 （　　）

25. 某宿舍多名同学在上课期间将备用手机留在宿舍内充电，这不会有火灾隐患。

（　　）

三、填空题

1. 为了安全用电，一切电工作业都必须按照＿＿＿＿＿＿＿＿＿进行。

2. 对人体最危险的电流频率是＿＿＿＿～＿＿＿＿Hz，随着频率升高，危险性＿＿＿＿＿＿。

3. 小王在检修家中开关电路时，未断开电源总开关且不小心触电，这属于＿＿＿＿触电方式。

4. 心肺复苏基础生命支持术的CAB三步骤中，C是＿＿＿＿＿＿＿，A是＿＿＿＿＿＿，B是＿＿＿＿＿＿。

5. 为了防止供电系统零线的断裂，在交流电路中广泛使用重复＿＿＿＿＿。

6. 保护接地主要应用在中性点＿＿＿＿＿的电力系统中。

7.（2019年学考真题）为防止发生触电事故，对电气设备可以采取保护接＿＿＿＿或保护接＿＿＿＿措施。

8. 为保证用电安全，减少或避免碰壳触电事故的发生，通常采取的技术保护措施有＿＿＿＿＿＿、＿＿＿＿＿和＿＿＿＿＿＿＿＿等。

9. 发现火警，应拨打＿＿＿＿＿电话。

10. 对于易引起火灾的场所，应按消防规定在显眼处配置＿＿＿＿＿＿等消防器材。

参考答案

第一章　电路基础知识

第一节　电路的组成

一、单项选择题

1. C　2. A　3. B　4. A　5. A　6. D　7. B　8. C　9. A　10. C　11. B　12. E　13. B　14. A

15. B　16. D　17. A　18. D　19. C　20. B　21. C　22. A　23. B　24. A　25. C　26. B

27. A

二、判断题

1. ×　2. √　3. √　4. √　5. √　6. ×　7. √　8. ×　9. √　10. √　11. √　12. ×

13. √　14. √　15. ×

三、填空题

1. 电　2. 开路,短路　3. 电路　4. 电源　5. 阻碍　6.1000　7. 绝缘体,半导体

8. 正比,反比　9. 强,弱　10. 越大,越小　11. 超导　12.0.0057　13.510 Ω,±5%

14.200 Ω　15.630 Ω,±10%　16. 左,6.3,±1%

第二节　电流与电压

一、单项选择题

1. C　2. D　3. C　4. B　5. A　6. B　7. A　8. C　9. C　10. A　11. C　12. D　13. B　14. C

15. A　16. A　17. C　18. D　19. B　20. D　21. A　22. C　23. B　24. B

二、判断题

1. √　2. ×　3. √　4. ×　5. √　6. √　7. ×　8. ×　9. √　10. √　11. √　12. ×

13. √　14. √　15. √　16. ×　17. √　18. √　19. ×　20. ×

三、填空题

1. A,V,Ω　2.10^3,0.01,$2×10^4$　3.5　4.0.01　5. 正,正　6. 无关　7. 电压　8. 关联

9. −5 V,5 V　10.5 V　11. −2,2　12.E,内　13. 负,正　14. 端电压,小　15. 电动势

第三节　欧姆定律

一、单项选择题

1. A　2. B　3. B　4. C　5. B　6. A　7. C　8. C　9. A　10. B　11. B　12. C　13. C　14. A

15. D

二、判断题

1.√ 2.× 3.× 4.√ 5.× 6.× 7.√ 8.√ 9.√ 10.× 11.× 12.×

三、填空题

1.$U/I,-U/I$ 2.电压 3.电压,电阻 4.正,反 5.0.01 A,-0.01 A 6.220

7.$>$,10,5 8.1,4 9.0,16 V,20 V,0

四、计算题

1.9 mA

2.$R=19\ \Omega;E=20$ V

3.1 位:$U=0,I=2$ A;2 位:$U=10$ V,$I=0$;3 位:$U=9.75$ V,$I=0.05$ A

4.$E=100$ V,$r=2\ \Omega$

第四节　电路的功率

一、单项选择题

1.C 2.D 3.A 4.C 5.D 6.D 7.C 8.B 9.D 10.C 11.C 12.D 13.B 14.C

15.D 16.B 17.D 18.A 19.D

二、判断题

1.√ 2.× 3.× 4.√ 5.√ 6.× 7.× 8.× 9.× 10.× 11.√ 12.√

13.√ 14.√ 15.√

三、填空题

1.电功,W 2.电功率,P 3.3.6×10^6 4.消耗,发出 5.负载电阻等于电源内阻

6.0.5 W 7.额定电压,额定功率 8.60 9.10 10.0.5,40 11.10 Ω,10 V 12.4

13.62

四、计算题

1.24 度

2.(1) 5 W (2) 2.43 kW·h

3.(1) 20 V (2) 1 A (3) 0.2 度

第五节　万用表的使用

一、单项选择题

1.D 2.B 3.C 4.B 5.A 6.C 7.A 8.B 9.D 10.D 11.C 12.B 13.B

14.D 15.C

二、判断题

1.√ 2.× 3.√ 4.× 5.× 6.× 7.√ 8.√ 9.× 10.× 11.× 12.√

三、填空题

1.串联,并联 2.红,黑 3.9 4.机械 5.负 6.小,小 7.mA,COM 8.高

9.正,负

四、问答题

1. （1）断开电路电源，万用表机械调零。

（2）预估被测电阻的大小，选择档位，电阻调零。

（3）测量、读数。

（4）若档位不合适，更换档位后重复(2)、(3)步骤。

2. （1）根据被测电压性质和大小，选择档位，若大小未知，选择最小挡位。

（2）测量、读数，若显示超量程，换高一级量程再次测量、读数。

单元练习

一、单项选择题

1. A 2. B 3. C 4. D 5. B 6. C 7. B 8. C 9. B 10. D 11. D 12. A 13. B 14. A
15. C 16. A 17. B 18. B 19. D 20. B 21. B 22. A 23. C 24. B 25. D 26. C
27. C 28. D 29. B 30. A 31. D 32. C 33. C 34. B 35. B

二、判断题

1. × 2. √ 3. × 4. √ 5. √ 6. × 7. √ 8. × 9. √ 10. √ 11. × 12. √
13. √ 14. × 15. √ 16. √ 17. √ 18. × 19. × 20. √ 21. × 22. × 23. √
24. √ 25. √ 26. √ 27. √ 28. × 29. × 30. √ 31. √ 32. √ 33. ×

三、填空题

1. 磁敏，光敏   2. 大   3. 5.05，±1‰   4. 0   5. U_a-U_b，U_b-U_a 6. −6 V   7. −50 V

8. 10 V   9. 负，正，相反   10. 12 V，4 V，12 V，10 V   11. −12 V   12. 10

13. =，非线性，线性   14. 4 V，2 Ω，2 Ω，50   15. 30，负载   16. 10，132

17. 电能表，功率表   18. 要   19. 串

四、计算题

1. 90 元

2. $V_a=5$ V $V_b=2$ V $V_c=0$ V

3. （a）−7 V   （b）−8 V

4. $E=30$ V，$r=5$ Ω

5. 27.3 度

6. 8 A

第二章　直流电路分析

第一节　电阻的连接

一、单项选择题

1. B 2. A 3. B 4. C 5. A 6. B 7. A 8. A 9. B 10. C 11. B 12. B 13. D 14. A

15. D 16. A 17. D 18. B 19. B 20. C 21. A 22. C 23. C 24. B

二、判断题

1. × 2. √ 3. √ 4. × 5. √ 6. √ 7. × 8. √ 9. × 10. √

三、填空题

1. 2,9 2. 1:2,1:1,1:2 3. 1:1,2:1,2:1

4. 相等,$U=U_1+U_2+\cdots+U_n$,$R=R_1+R_2+\cdots+R_n$

5. 大,电压,电压 6. 并列,同一个电源 7. 小,电流 8. 5,5 9. 100,0.4

10. 并联,小于或等于 11. 15,12.5 13. 串联,并联 14. 相对臂电阻的乘积相等

15. 10 V,6 V,4 V

四、计算题

1. (1)$I=0.01$ A;(2)$U_1=3$ V,$U_2=2$ V,$U_3=1$ V;(3)$P_1=0.03$ W,$P_2=0.02$ W,$P_3=0.01$ W

2. $U_{AB}=15$ V

3. (1)$I_1=50$ mA,$I_2=100$ mA;(2)$R_2=0.6$ kΩ

4. S打开 $I_1=0.6$ A;S闭合 $I_1=1$ A

第二节　基尔霍夫定律

一、单项选择题

1. B 2. A 3. B 4. A 5. B 6. C 7. C 8. C 9. A 10. D 11. C 12. D 13. D

二、判断题

1. √ 2. √ 3. × 4. √ 5. × 6. √ 7. √ 8. × 9. √ 10. √ 11. √ 12. √

13. × 14. × 15. ×

三、填空题

1. 电流的代数和 2. 回路 3. 电流,电流 4. 5 5. 2 6. −2 V 7. 20 V,2 Ω

8. 10 A,0.5 kΩ 9. 40 V,3 Ω 10. 12 A,200 Ω

四、计算题

1. $I_1=18$ A;$I_2=7$ A

2. $E=4$ V

第三节　支路电流法

一、单项选择题

1. C 2. C 3. A 4. B 5. B 6. A 7. A 8. C

二、判断题

1. √ 2. × 3. × 4. × 5. √ 6. √ 7. × 8. × 9. √ 10. × 11. √ 12. √ 13. ×

三、计算题

1. (1)$I_3=\dfrac{7}{3}$ A;(2)$U_{AB}=-\dfrac{14}{3}$ V;(3)$P_3=\dfrac{98}{3}$ W

2. -25 V

3. $I_1=4$ A，$I_2=5$ A，$I_3=-1$ A

4. 6 V

单元练习

一、单项选择题

1. D　2. A　3. A　4. A　5. C　6. B　7. C　8. A　9. D　10. D　11. C　12. B　13. A

14. C　15. A　16. C　17. C　18. C　19. D

二、判断题

1. √　2. ×　3. √　4. ×　5. √　6. ×　7. √　8. √　9. ×　10. √　11. √　12. ×

13. √　14. ×

三、填空题

1. 3　2. 回路　3. $\dfrac{U}{R_1+R_2}\cdot R_1$，$\dfrac{U}{R_1+R_2}$，$\dfrac{U}{R_1+R_2}\cdot R_2$，$\dfrac{U}{R_1+R_2}$　4. U，$\dfrac{U}{R_1}$，U，$\dfrac{U}{R_2}$　5. 2 Ω

6. 35 V　7. 电流,正,电压,反　8. 2,15　9. 1:1,2:3,3:2,3:2　10. 300,100,200

11. 81

四、计算题

1. S 打开 $I_2=1.47$ A,S 闭合 $I_2=2$ A

2. 250 Ω

3. $I_5=0$，$I=0.1$ A

4. 6 V

5. $I_1=0.5$ A，$I_2=1$ A(方向:I_1 向右,I_2 向下)

6. $I_1=1$ A，$I_2=2$ A(方向:I_1 向下,I_2 向右)

7. $I_1=10$ A，$I_2=-5$ A，$I_3=5$ A

8. $I_1=7$ A，$I_2=2$ A

9. 6 V

10. $I_1=5$ A，$I_2=4$ A，$I_3=-1$ A

第三章　电容、电感及变压器

第一节　磁场与电磁感应

一、单项选择题

1. A　2. C　3. A　4. D　5. C　6. A　7. A　8. C　9. C　10. B　11. A　12. D　13. D

14. C　15. A　16. A　17. B　18. B　19. A　20. A

二、判断题

1. × 2. × 3. √ 4. × 5. × 6. × 7. √ 8. √ 9. × 10. √ 11. × 12. ×

13. × 14. √ 15. × 16. × 17. × 18. × 19. × 20. ×

三、填空题

1. 相互排斥,相互吸引   2. 右手螺旋   3. N,S,S,N

4. 磁通,Φ,韦伯(Wb),磁感应强度,B,特斯拉(T)   5. 0,BIl 6. 8×10^{-4} Wb,0

7. 电流方向,磁感应强度方向   8. 奥斯特,安培,法拉第   9. 匀强   10. 特斯拉(T)

11. 阻碍   12. 感应电动势,感应电流

第二节　变压器

一、单项选择题

1. C 2. A 3. D 4. A 5. A 6. B 7. C 8. D 9. D 10. C 11. D 12. A

二、判断题

1. √ 2. × 3. × 4. √ 5. √ 6. × 7. × 8. × 9. × 10. × 11. × 12. √

13. √ 14. √ 15. × 16. √

三、填空题

1. 铁芯,绕组   2. 硅钢片   3. 原,副   4. 降压   5. 10   6. 1

四、计算题

80 匝

第三节　电感

一、单项选择题

1. B 2. A 3. A 4. C 5. C 6. A 7. B 8. D 9. D 10. D 11. C 12. C 13. A

14. A 15. C

二、判断题

1. √ 2. √ 3. × 4. × 5. √ 6. √ 7. √ 8. × 9. √ 10. √ 11. √ 12. ×

13. √ 14. × 15. ×

三、填空题

1. L,H   2. 电感量,允许误差,额定电流   3. ±20%,±30%   4. μH,μH   5. 3.3

6. 30,误差为±20%   7. 4600,4.6,±10%   8. 47

第四节　电容

一、单项选择题

1. C 2. B 3. D 4. B 5. C 6. B 7. A 8. A 9. A 10. D 11. B 12. A 13. B 14. A

15. C 16. C

二、判断题

1.× 2.× 3.√ 4.√ 5.× 6.√ 7.× 8.× 9.× 10.× 11.√ 12.√

三、填空题

1.绝缘,导体 2.极板,电介质 3.法拉,F 4.10^6 5.正,负 6.330 μF,330 μF

7.储能,耗能 8.串 9.小,反 10.33 11.100 12.2000,误差±20%

13.$1.5×10^5$,0.15,±5%,额定 14.7000,7

四、计算题

1.100 μF;$U_1=U_2=U_3=66.7$ V;不安全

2.(1)20 μF;(2)$U_1=33.3$ V,$U_2=16.7$ V;(3)不安全,C_1 先击穿,C_2 后击穿

3.能正常工作;$Q_1=4×10^{-4}$ C,$Q_2=6×10^{-4}$ C

单元练习

一、单项选择题

1.B 2.C 3.C 4.B 5.C 6.A 7.C 8.A 9.B 10.C 11.C 12.A 13.A 14.C

15.A 16.B 17.B 18.C 19.C 20.C 21.A 22.D 23.C 24.B 25.C

二、判断题

1.√ 2.× 3.× 4.√ 5.× 6.√ 7.√ 8.√ 9.× 10.√ 11.× 12.√

13.× 14.√ 15.× 16.√ 17.× 18.× 19.× 20.×

三、填空题

1.切线 2.电磁感应 3.相反,相同 4.楞次 5.降 6.20 7.5 8.储能,磁场,电场

9.250,±20% 10.反 11.$1×10^5$,0.1 12.长,短 13.小,大 14.5,200,20,100

四、计算题

1.(1)8 μF;(2)8 μF

2.(1)300 μF;(2)50 V;(3)$5×10^{-3}$ C;(4)安全

第四章　单相正弦交流电路

第一节　正弦交流电的基本概念

一、单项选择题

1.A 2.C 3.B 4.D 5.A 6.C 7.A 8.B 9.A 10.C 11.D 12.D 13.A

14.A 15.A 16.C 17.C 18.B 19.A 20.C 21.A 22.B 23.B

二、判断题

1.√ 2.× 3.× 4.× 5.× 6.× 7.× 8.√ 9.× 10.× 11.× 12.√

13.√ 14.√ 15.√ 16.√ 17.√ 18.√ 19.√ 20.√

三、填空题

1.（略）　2. 大小,方向,正弦　3. 周期　4. $\dfrac{1}{f}$,$2\pi f$,$\dfrac{2\pi}{T}$　5. 50 Hz,0.02 s,314 rad/s

6. 5 s,0.2 Hz,1.256 rad/s　7. $10\sqrt{2}$,20,314,30°　8. 有效值　9. $\sqrt{2}$　10. $110\sqrt{2}$

11. 最大值,初相位　12. 30°　13. 180°　14. 频率,Hz,周期,s,电角度,瞬时值

15. $5\sqrt{2}$ A,314 rad/s,0.02 s,$10\sin(314t-\dfrac{\pi}{3})$　16. 瞬时值,V,100 V,$-\dfrac{\pi}{6}$,200π rad/s

17. 20　18. 瞬时值,A,10,314,60°　19. 角频率　20. $-120°$　21. 滞后,120°,反

22. 60,628,0.01,$30\sqrt{2}$,$\dfrac{\pi}{4}$　23. 解析式,波形图　24. $\dfrac{\pi}{6}$,220 A

四、计算题

(1) $U_m=220\sqrt{2}$ V;(2) $U=220$ V;(3) $\omega=314$ rad/s;(4) $f=50$ Hz;(5) $T=0.02$ s

第二节　纯电阻电路

一、单项选择题

1. A　2. D　3. B　4. C　5. B　6. C　7. A　8. B　9. B　10. A　11. A

二、判断题

1. √　2. ×　3. √　4. √　5. √　6. √　7. ×　8. √　9. √　10. ×

三、填空题

1. $i=2.2\sqrt{2}\sin(314t-60°)$A　2. 瞬时,最大,有效　3. 2 A　4. 瞬间,平均,有功功率

5. $I=\dfrac{u}{R}$,同相,UI　6. 22 A,4840 W　7. $24\sin(314t+60°)$ V,72 W

四、计算题

1. (1) $I=22$ A,$i=22\sqrt{2}\sin(314t)$ A;(2) $P=4840$ W

2. (1) $I=20$ A;(2) $i=20\sqrt{2}\sin(100\pi t-60°)$ A;(3) $P=4400$ W

3. (1) $R=1210$ Ω,$I=0.18$ A;(2) $I_实=0.09$ A,$P_实=9.9$ W

第三节　纯电感电路

一、单项选择题

1. B　2. C　3. A　4. D　5. C　6. D　7. D　8. B　9. C　10. C　11. C　12. A　13. B　14. B
15. D　16. B　17. C　18. A　19. A　20. B

二、判断题

1. ×　2. ×　3. √　4. ×　5. √　6. √　7. √　8. ×　9. ×　10. ×　11. √　12. √
13. ×　14. √　15. √

三、填空题

1. 感抗,X_L,Ω,$X_L=\omega L$　2. 正比,正比,0,短路　3. 31.4 Ω,62.8 Ω,正比　4. 62.8

5. 超前　6. 超前,90°　7. $I=\dfrac{U}{X_L}$,超前,90°,90°　8. 最大,有效　9. 15.7 Ω,14 A

10. $i=2.2\sqrt{2}\sin(314t+30°)$ A　11. 5 Ω,0,20 var　12. 10 A,2200 var

四、计算题

1. (1) $X_L=31.4$ Ω;(2) $I=7$ A;(3) $i=7\sqrt{2}\sin(100\pi t-120°)$ A;(4) $P=0$,$Q=1540$ var

2. (1) $I=22$ A,$i=22\sqrt{2}\sin(100\pi t-45°)$ A;(2) $Q=4840$ var

3. (1) $X_L=126$ Ω;(2) $I=1.7$ A;(3) $i=1.7\sqrt{2}\sin(100\pi t-30°)$ A

第四节　纯电容电路

一、单项选择题

1. D　2. A　3. D　4. B　5. C　6. D　7. D　8. B　9. B　10. B　11. C　12. C　13. A　14. A
15. D

二、判断题

1. √　2. ×　3. √　4. √　5. ×　6. √　7. ×　8. ×　9. √　10. √

三、填空题

1. 容抗,X_C,Ω,$X_C=\dfrac{1}{\omega C}$　2. 反比,反比,无穷大,断路　3. $I=\dfrac{U}{X_C}$,滞后,90°,−90°　4. 滞后

5. 无穷大,开路　6. 最大,有效　7. 64 Ω,16 Ω,反比　8. $i=2.2\sqrt{2}\sin(314t+30°)$ A

9. 3.14 A,0　10. 4 Ω,0,9 var

四、计算题

1. (1) $X_C=10$ Ω;(2) $I_2=40$ A;(3) $i_2=40\sqrt{2}\sin(200t+45°)$ A

2. (1) $I=1.4$ A;(2) $u=220\sqrt{2}\sin(314t)$ V;$i=1.4\sqrt{2}\sin(314t+90°)$ A;(3) $Q=308$ var

3. $i=0.31\sqrt{2}\sin(314t+60°)$ A

第五节　正弦交流电路的功率

一、单项选择题

1. D　2. B　3. A　4. D　5. C　6. B　7. C　8. A　9. D　10. A

二、判断题

1. √　2. ×　3. ×　4. ×　5. √　6. √　7. ×　8. √　9. √　10. √　11. √　12. ×　13. √

三、填空题

1. 电能,损耗　2. 平均,最大　3. 总功率　4. 设备,并联电容

5. 不变,不受,电路的有功功率不变

第六节　照明电路

一、单项选择题

1. D　2. D　3. D　4. D　5. A　6. B　7. C　8. B　9. A　10. D　11. A　12. B

二、判断题

1. ×　2. √　3. ×　4. ×　5. √　6. √　7. ×　8. √　9. ×　10. ×　11. ×　12. ×

三、填空题

1. 零线,火线　2. 低压断路器　3. 地线,零线,火线　4. ≥　5.175　6.1,3,2,4

四、问答题

1. (1)初步检查

　　断开电源,检查元器件是否损坏或松动,观察导线接线是否牢固、正确;

　　(2)确定故障范围

　　用万用表测量,缩小故障范围,找到故障点。

　　(3)修复故障

　　(4)测试验证

　　重新通电测试线路是否恢复正常。

2.（略）

单元练习

一、单项选择题

1. D　2. A　3. A　4. A　5. B　6. D　7. A　8. B　9. B　10. D　11. A　12. D　13. C
14. C　15. A　16. B　17. C　18. C　19. B　20. C　21. D　22. C　23. C　24. C　25. D
26. C　27. D　28. C　29. C　30. D　31. C

二、判断题

1. √　2. √　3. √　4. √　5. √　6. √　7. √　8. ×　9. ×　10. ×　11. ×　12. √
13. ×　14. ×　15. √　16. ×　17. ×　18. √　19. √　20. √　21. √　22. √　23. ×
24. ×　25. √　26. ×　27. √　28. ×　29. ×　30. √

三、填空题

1. 正弦　2. $10\sqrt{2}$ V,$-\dfrac{\pi}{3}$,314 rad/s,50 Hz,0.02 s　3. $2\sqrt{2}$,4,314,$-60°$

4. $20\sqrt{2}$,20　5. $i=10\sqrt{2}\sin(314t-\dfrac{\pi}{3})$ A　6. $i=2\sqrt{2}\sin(628t+45°)$ A　7. $\dfrac{\pi}{2}$,u_2,u_1

8. 5 A,15 A,60 Hz,$-45°$,30°,超前,70°　9. 2　10. 有效,0.2,0.28　11. 90°

12. 50π rad/s,$100\sin(50\pi t-45°)$ V,100 V　13. 等于　14. 反　15. 0,无穷大

16. 减小,增大　17. 220 V,50 Hz,60°,2 A,90°,$2\sqrt{2}\sin(100\pi t-30°)$ A

18. 电感,电容,电阻　19. 红蓝红蓝　20. 短路或过载,漏电

四、计算题

1. (1)$I=7$ A;(2)$u=220\sqrt{2}\sin(100\pi t)$ V,$i=7\sqrt{2}\sin(100\pi t-90°)$ A;(3)$Q=1540$ var

2. (1)$X_C=636.9$ Ω;(2)$I=0.35$ A;(3)$i=0.35\sqrt{2}\sin(100\pi t+120°)$ A;(4)$P=0$,$Q=77$ var

3. (1)$i_1=2.76\sqrt{2}\sin(314t+30°)$ A;(2)$i_2=12.43\sqrt{2}\sin(314t+30°)$ A

第五章　三相正弦交流电路

一、单项选择题

1. C　2. C　3. D　4. C　5. D　6. C　7. B　8. C　9. A　10. C　11. D　12. D　13. D　14. A

15. D　16. D　17. D　18. B　19. D　20. A

二、判断题

1. √　2. ×　3. √　4. ×　5. √　6. √　7. ×　8. √　9. √　10. ×　11. ×　12. √

13. √　14. √　15. √

三、填空题

1. 三相对称交流电源　2. 1/3　3. 相等,相同,120°

4. $311\sin(314t-150°)$ V,$311\sin(314t+90°)$ V

5. 最大值,正序,负序,正序,负序　6. 星形,三角形　7. 有中性线,无中性线

8. 星形联结,中性点,零点,N,中性线,零线,相线,火线　9. 三角形联结,相线,线电压

10. 相,相,相,中性　11. 中性,相　12. 超前,30°,$\sqrt{3}$,$\sqrt{3}$,U_P　13. U_P　14. 相

15. 相,中性,地线　16. 线电压,相电压,$U_L=\sqrt{3}U_P$,线电压,30°　17. 相线,中性线

18. V,W,黄,绿,红,中性线,蓝色

四、计算题

$u_U=220\sqrt{2}\sin(314t)$ V,$u_V=220\sqrt{2}\sin(314t+120°)$ V

一、单项选择题

1. A　2. B　3. A　4. C　5. D　6. B　7. C　8. C　9. B　10. A　11. C　12. A　13. D　14. C

15. A　16. C　17. C　18. B　19. A　20. C

二、判断题

1. ×　2. √　3. √　4. ×　5. √　6. √　7. ×　8. ×　9. √　10. √　11. ×　12. ×

13. √　14. ×　15. √　16. √　17. √　18. √　19. √　20. ×

三、填空题

1. 对称,对称负载　2. 三相对称,三相不对称　3. 不对称　4. 对称　5. 星形,三角形

6. 中性,相线　7. 相,相　8. 相等,120°,0　9. 对称,不对称

10. 三角形,星形,三角形　11. $\sqrt{3}$,滞后,30°　12. 三角形,星形　13. 星形

14. 三角形　15. 相电压　16. 相,阻抗　17. 星形,三角形　18. 127　19. 开关,熔断器

20. 三相四线,火　21. 0　22. 相等,$U_L=\sqrt{3}U_P$,U_L超前U_P30°　23. 蓝色　24. 4936.2 W

四、计算题

1. 线电压 380 V,相电压 380 V,线电流 $10\sqrt{3}$ A,相电流 10 A

2. 线电压 380 V,相电压 220 V,线电流 10 A,相电流 10 A

单元练习

一、单项选择题

1. D 2. C 3. A 4. D 5. A 6. B 7. A 8. C 9. A 10. C 11. B 12. C 13. A 14. C

15. B 16. D 17. D 18. C 19. B 20. A

二、判断题

1. √ 2. × 3. × 4. √ 5. × 6. × 7. √ 8. √ 9. √ 10. √ 11. √ 12. ×

13. × 14. √ 15. × 16. × 17. × 18. × 19. × 20. ×

三、填空题

1. 最大值相等,频率相同,初相位互差120° 2. $E_m\sin(\omega t-120°)$,$E_m\sin(\omega t+120°)$

3. 380,220 4. 220 5. 三相四线制,低压供电,三相三线制 6. $\sqrt{3}$,30° 7. 220,380

8. 相,中性 9. 三相四线,2,三相三线,1 10. 380,220 11. 三相四线 12. 黄绿

13. 大小,阻抗角 14. 星形,三角形,Y,△ 15. $\sqrt{3}$,1 16. 相等 17. 220

18. $4\sqrt{2}\sin(314t-90°)$ A,$4\sqrt{2}\sin(314t+150°)$ A 19. 三角形,星形 20. 1,$\sqrt{3}$,0

21. 380 V,220 V 22. 三相四线制,三相三线制

第六章 安全用电

第一节 触电及其防护

一、单项选择题

1. C 2. A 3. C 4. A 5. D 6. C 7. D 8. B 9. B 10. B 11. A 12. B 13. B 14. B

15. D 16. A 17. B 18. B 19. A 20. C 21. A 22. B

二、判断题

1. √ 2. √ 3. × 4. √ 5. × 6. √ 7. × 8. √ 9. √ 10. √ 11. √ 12. ×

13. √ 14. √ 15. √ 16. √ 17. × 18. √ 19. × 20. √ 21. × 22. × 23. ×

24. × 25. ×

三、填空题

1. 直接触电,间接触电 2. 两相,跨步电压 3. 单相 4. 单相,相,两相,线,两相

5. 50 6. 6 7. 摆脱,致命 8. 36,24,12 9. 金属外壳,保护接地,金属外壳,保护接零

10. 触电,大地 11. 保护接零 12. 地

第二节　电气火灾的防范与扑救

一、单项选择题

1. B　2. D　3. D　4. C　5. A　6. C　7. A　8. C　9. C　10. D　11. B　12. A

二、判断题

1. √　2. √　3. √　4. √　5. √　6. √　7. √　8. ×　9. ×　10. √　11. √　12. √

13. √　14. ×　15. ×　16. ×　17. ×　18. √

单元练习

一、单项选择题

1. D　2. B　3. B　4. A　5. B　6. C　7. D　8. A　9. A　10. B　11. D　12. A　13. B　14. B

15. B　16. B　17. D　18. D　19. C　20. A

二、判断题

1. ×　2. √　3. √　4. ×　5. √　6. ×　7. ×　8. √　9. ×　10. ×　11. √　12. √

13. √　14. ×　15. √　16. ×　17. √　18. √　19. ×　20. ×　21. √　22. √　23. √

24. ×　25. ×

三、填空题

1. 安全操作规程　2. 50,60,降低　3. 单相　4. 胸外心脏按压,开放气道,人工呼吸

5. 接地　6. 不接地　7. 地,零　8. 保护接地,保护接零,装设漏电保护器　9. 119

10. 灭火器